国家级**骨干**高职院**校建设**规划教材

精细化学品配方制剂技术

■ 张小华　杨晓东　主编
■ 徐翠香　主审

JINGXI HUAXUEPIN
PEIFANG ZHIJI JISHU

化学工业出版社

·北　京·

本教材主要内容分为四个教学项目，由八个教学情境构成。项目一（教学情境）介绍精细化学品及精细化学品的特性，精细化学品配方制剂基本理论知识、典型独有技术及精细化学品配方制剂岗位的工作任务；其他教学情境，共选择了日化产品应用配方与制备、胶黏剂应用配方与制备、涂料应用配方与制备三个典型精细化学品配方制剂产品，以配方制剂产品的配方开发、设计、产品生产过程为主线，较为详细地阐述了每种产品的性能、用途、配方组成、配方设计原则及岗位生产技术等。

本教材可作为高职高专化工技术类和精细化学品生产技术以及相关专业教材，也可供从事精细化工生产的工程技术人员参阅。

图书在版编目（CIP）数据

精细化学品配方制剂技术/张小华，杨晓东主编.
北京：化学工业出版社，2014.1（2025.2重印）
国家级骨干高职院校建设规划教材
ISBN 978-7-122-19091-8

Ⅰ.①精⋯　Ⅱ.①张⋯②杨⋯　Ⅲ.①精细化工-化工产品-配方-制剂-化工生产-高等职业教育-教材
Ⅳ.①TQ072

中国版本图书馆 CIP 数据核字（2013）第 281324 号

责任编辑：张双进　窦　臻　　　　　　　文字编辑：糜家铃
责任校对：顾淑云　　　　　　　　　　　装帧设计：尹琳琳

出版发行：化学工业出版社（北京市东城区青年湖南街 13 号　邮政编码 100011）
印　　装：北京盛通数码印刷有限公司
787mm×1092mm　1/16　印张 9¾　字数 233 千字　　2025 年 2 月北京第 1 版第 10 次印刷

购书咨询：010-64518888　　　　　　　售后服务：010-64518899
网　　址：http://www.cip.com.cn
凡购买本书，如有缺损质量问题，本社销售中心负责调换。

定　　价：30.00 元

序

PREFACE

配合国家骨干高职院校建设，推进教育教学改革，重构教学内容，改进教学方法，在多年课程改革的基础上，河北化工医药职业技术学院组织教师和行业技术人员共同编写了与之配套的校本教材，经过 3 年的试用与修改，在化学工业出版社的支持下，终于正式编印出版发行，在此，对参与本套教材的编审人员、化学工业出版社及提供帮助的企业表示衷心感谢。

教材是学生学习的一扇窗口，也是教师教学的工具之一。好的教材能够提纲挈领，举一反三，授人以渔，而差的教材则洋洋洒洒，照搬照抄，不知所云。囿于现阶段教材仍然是教师教学和学生学习不可或缺的载体，教材的优劣对教与学的质量都具有重要影响。

基于上述认识，本套教材尝试打破学科体系，在内容取舍上摒弃求全、求系统的传统，在结构序化上，从分析典型工作任务入手，由易到难创设学习情境，寓知识、能力、情感培养于学生的学习过程中，并注重学生职业能力的生成而非知识的堆砌，力求为教学组织与实施提供一种可以借鉴的模式。

本套教材涉及生化制药技术、精细化学品生产技术、化工设备与机械和工业分析与检验 4 个专业群共 24 门课程。其中 22 门专业核心课程配套教材基于工作过程系统化或 CDIO 教学模式编写，2 门专业基础课程亦从编排模式上做了较大改进，以实验现象或问题引入，力图抓住学生学习兴趣。

教材编写对编者是一种考验。限于专业的类型、课程的性质、教学条件以及编者的经验与能力，本套教材不妥之处在所难免，欢迎各位专家、同仁提出宝贵意见。

河北化工医药职业技术学院　院长　柴锡庆
2013 年 4 月

前言
FOREWORD

　　本书的编写主要是为了适应高职院校以"工学结合"为总体要求，以"任务驱动，项目教学"、"教、学、做一体化"的教学改革趋势，按照精细化工四大技术领域（合成、分离提纯、配方制剂、营销）的配方制剂技术领域要求，整合精细化工概论、精细化学品综合实训、精细化工产品选论等相关的学习内容，重新构成精细化学品配方制剂技术课程。以区域经济的典型日化配方产品、胶黏剂配方产品、涂料配方产品制备项目为导向，融入配方师、有机合成实验工、有机合成工、涂料制备工、胶黏剂制备工、肥（香）皂制备工等岗位（群）职业能力的要求，采用"项目开发、设计、生产一条龙"、"项目开发设计小试进课堂"、"项目生产进工厂"的真实工作任务，施以 CDIO 的构思、设计、实施、评价教学模式，整个过程中知识学习和能力训练循序渐进，项目任务由模拟到真实的岗位推进，角色由学生到员工的转换，符合学生的认知规律和行动规律。突出体现教学在校内实训基地与校外实习基地（或厂中校）交替进行，以技能为主的过程考核与职业技能鉴定标准相融通的教学与考核模式。本教材以项目化的教学任务体例编写，项目中的任务具有渐进性，每个项目具有独立性，是一个独立的模块，实际教学中可以灵活安排。

　　本书以 CDIO 的构思、设计、实施、评价教学模式，按照项目任务介绍、任务分析、任务实施、归纳总结、综合评价、相关知识、知识拓展等项目化课程体例格式编写，是为了使学生清楚连贯地看到每一教学任务实施的全过程，便于学生对任务和要求的理解。实际教学过程中，为便于"任务驱动，项目教学"、"教、学、做一体化"的教学实施，应将"相关知识"安排在"任务实施"的前或后。

　　本书项目一由河北化工医药职业技术学院张小华、河北铁锋化工有限公司权于编写；项目二由张小华、南京化工职业技术学院杨晓东、石家庄光明日化有限公司师俊杰编写；项目三由河北化工医药职业技术学院高雅男、张小华编写；项目四由张小华、杨晓东、石家庄金鱼集团白乐坤、河北化工医药职业技术学院孙雅博编写；全书由张小华统稿，由南京化工职业技术学院徐翠香审稿。

　　本书在编写过程中，得到了相关企业技术人员的大力支持，在此表示感谢！

　　由于编者的水平有限，难免存在不妥之处，敬请大家批评指正。

编者

2013 年 8 月

目录

C O N T E N T S

项目一　精细化学品配方制剂产品开发、生产过程 ·· 1

教学情境　认知精细化学品配方制剂产品开发、生产过程 ································· 1

　任务一　认知精细化工和精细化学品 ··· 1

　　【任务介绍】 ·· 1

　　【任务分析】 ·· 1

　　【任务实施】 ·· 1

　　【任务评价】 ·· 2

　　【相关知识】 ·· 2

　　　一、精细化工与精细化学品 ··· 2

　　　二、精细化工的特点和生产特性 ··· 4

　　　三、精细化工剂型复配技术 ··· 7

　　　四、精细化工的发展趋势 ·· 13

　任务二　认知配方制剂产品的开发生产过程 ··· 13

　　【任务介绍】 ·· 13

　　【任务分析】 ·· 13

　　【任务实施】 ·· 14

　　【任务评价】 ·· 14

　　【相关知识】 ·· 15

　　　一、文献资料、情报信息获取 ·· 15

　　　二、综合分析与决策 ·· 16

　　　三、实验方案设计 ··· 16

　　　四、配方的实验室小试实验研究 ··· 19

　　　五、配方小试实验的评价 ·· 22

　　　六、配方产品中试实验 ··· 22

　　　七、配方产品现场应用实验 ··· 23

　　　八、产品质量标准的制定 ·· 23

　　　九、产品的车间规模生产 ·· 24

　　【思考题】 ··· 25

项目二　日化产品应用配方与制备 ··· 26

　教学情境一　日化产品应用配方与制备方案构思 ·· 26

任务一　皂类产品资料查询、整理、归类与吸收 ············· 26

【任务介绍】 ·· 26

【任务分析】 ·· 26

【任务实施】 ·· 26

【任务评价】 ·· 27

【相关知识】 ·· 27

一、日用化学品的范畴及特点 ······················· 27

二、日用化学品的发展概况 ························· 28

三、洗涤剂的去污原理 ····························· 29

四、洗涤剂的配方组成 ····························· 29

五、洗涤剂中的洗涤助剂 ··························· 31

六、洗涤剂中表面活性剂的选择与复配原则 ············· 32

教学情境二　日化产品应用配方与制备方案设计 ·············· 34

任务二　肥皂、香皂、雪花膏配方与制备方案设计 ············ 34

【任务介绍】 ·· 34

【任务分析】 ·· 35

【任务实施】 ·· 35

【任务评价】 ·· 36

【相关知识】 ·· 36

一、皂用油脂和洗衣皂、香皂的配方组成 ············· 36

二、调整配方控制肥皂质量 ························· 42

教学情境三　日化产品应用配方与制备方案实施 ·············· 44

任务三　肥皂、香皂、雪花膏配方与制备方案实施 ············ 44

【任务介绍】 ·· 44

【任务分析】 ·· 45

【任务实施】 ·· 45

【任务评价】 ·· 46

【相关知识】 ·· 46

一、皂基的制备方法 ······························· 46

二、典型皂类生产工艺 ····························· 52

【实训项目】　透明皂的制备 ···························· 59

【思考题】 ··· 60

项目三　胶黏剂应用配方与制备 ························· 61

教学情境一　胶黏剂产品配方与制备方案构思与设计 ·········· 61

任务一　白乳胶、改性白乳胶配方与制备资料查询与方案设计 ···· 61

【任务介绍】 ·· 61

【任务分析】 ·· 61

【任务实施】 ·· 61

【任务评价】 ·· 62

【相关知识】 ·· 63

　　一、胶黏剂的分类 ··· 63

　　二、胶黏剂的黏附机理 ··· 64

　　三、胶黏剂配方组成和释义 ·· 67

　　四、胶黏剂配方设计原则 ··· 69

　　五、提高胶黏剂粘接强度的方法 ·· 70

　　六、胶黏剂配方设计的基本步骤 ·· 70

　　七、胶黏剂的发展趋势与应用前景 ·· 71

教学情境二　胶黏剂产品配方与制备方案实施 ·· 73

任务二　白乳胶、改性白乳胶配方与制备方案实施 ·· 73

　【任务介绍】 ·· 73

　【任务分析】 ·· 74

　【任务实施】 ·· 74

　【任务评价】 ·· 75

　【相关知识】 ·· 75

　　一、胶黏剂常见配方及制备 ·· 75

　　二、粘接技术简介 ··· 96

【实训项目】　胶黏剂聚醋酸乙烯乳液制备 ·· 98

【思考题】 ·· 100

项目四　涂料应用配方与制备 ·· 101

教学情境一　涂料产品配方与制备方案构思与设计 ·· 101

任务一　水基涂料产品配方与制备资料查询与方案设计 ······································ 101

　【任务介绍】 ·· 101

　【任务分析】 ·· 101

　【任务实施】 ·· 101

　【任务评价】 ·· 102

　【相关知识】 ·· 103

　　一、涂料概论 ··· 103

　　二、涂料配方组成及设计原则 ·· 108

　【知识拓展】颜料体积浓度及配色技术 ··· 120

教学情境二　涂料应用配方与制备方案实施 ·· 123

任务二　白色水基涂料配方与制备方案实施 ·· 123

　【任务介绍】 ·· 123

　【任务分析】 ·· 123

　【任务实施】 ·· 124

　【任务评价】 ·· 124

　【相关知识】 ·· 125

一、各类涂料的特点 …………………………………………………………… 125

二、涂料常见配方 …………………………………………………………… 125

三、涂料的制备设备 ………………………………………………………… 131

四、涂料的制备工艺 ………………………………………………………… 141

【实训项目】 聚醋酸乙烯酯乳胶涂料的配制及检测 …………………………… 143

【思考题】 …………………………………………………………………… 144

参考文献 ……………………………………………………………………… 146

项目一　精细化学品配方制剂产品开发、生产过程

教学情境

认知精细化学品配方制剂产品开发、生产过程

任务一　认知精细化工和精细化学品

【任务介绍】

　　学校为某精细化学品生产销售企业培训数名从事精细化学品销售工作员工。为能针对不同产品用户进行产品销售，在培训教师的指导下学习精细化工产品的类别、特性等知识，要求达到高职层次水平，能熟知精细化工产品的类别和特性，精细化学品的属性及精细化工配方制剂技术，上岗后能开展精细化工配方制剂产品的推介销售工作。

【任务分析】

　　1. 了解精细化学品的定义及精细化学品类别的规定；

　　2. 了解精细化学品的属性及精细化工配方制剂技术；

　　3. 了解不同精细化学品的应用范围；

　　4. 在众多化学品中区分出通用化学品和精细化学品；

　　5. 能初步撰写企业参观、调查报告。

【任务实施】

主要任务	完成要求	地点	备注
1. 查阅资料	1. 查阅通用化学品及通用化学品的应用,并举例; 2. 查阅精细化学品类别及精细化学品的应用,并举例	构思设计室	
2. 总结精细化学品的特性	1. 通用化学品:装置规模大,加工过程简单,产品附加价值低; 2. 精细化学品:装置规模小,有合成反应产品和配制产品,生产过程复杂,产品附加价值高	构思设计室	
3. 产品鉴别	1. 依据药品标签鉴别配方制剂实训室药品中通用化学品和精细化学品并填写药品清单; 2. 依据配方制剂实训室的实验项目填写实验药品采购清单; 3. 通过企业调查、参观,列举出相应企业使用、生产、营销的通用化学品和精细化学品并填写典型原料、产品清单	配方法制剂实训室	
4. 企业调查、参观	1. 大吨位产品装置:合成氨装置、甘氨酸装置; 2. 精细化工装置:香精、香料生产厂,涂料生产厂,日化生产厂,制药厂等; 3. 精细化学品营销企业	相关企业、公司	

【任务评价】

主要任务	完 成 要 求	分值	得分
1. 查阅资料	1. 查阅通用化学品及通用化学品的应用,并举例; 2. 查阅精细化学品类别及精细化学品的应用,并举例	20	
2. 总结精细化学品的特性	1. 通用化学品:装置规模大,加工过程简单,产品附加价值低; 2. 精细化学品:装置规模小,有合成产品和配方产品,采用独有技术,生产过程复杂,产品附加价值高	20	
3. 产品鉴别	1. 依据药品标签鉴别配方制剂实训室药品中通用化学品和精细化学品并填写药品清单; 2. 依据配方制剂实训室的实验项目填写实验药品采购清单; 3. 通过企业调查、参观,列举出相应企业使用、生产、营销的通用化学品和精细化学品并填写典型原料、产品清单	30	
4. 企业调查、参观	1. 大吨位产品装置:合成氨装置、甘氨酸装置; 2. 精细化工装置:香精、香料生产厂,涂料生产厂,日化生产厂,制药厂等; 3. 精细化学品营销企业	20	
5. 学习、调查报告	列举、复述配方制剂技术及在精细化学品生产中的重要地位,精细化学品的分类、用途、现状及发展趋势	30	

【相关知识】

一、精细化工与精细化学品

材料是人类进行生产、生活的物质基础,材料与能源、信息构成了现代文明的三大支柱。利用石油、天然气、煤和生物质,采用化学和物理方法生产的原材料,称作化工产品或化学品。根据化工产品的功能和用途,分为基本化工产品和精细化工产品。生产精细化工产品的制造工业称为精细化学工业或精细化学工程,简称精细化工,它是介于化学科学与化学工程之间的应用化工技术分支之一,是应用化工技术的高端延伸。

精细化工是生产精细化学品的工业,是现代化学工业的重要组成部分,是发展高新技术的重要基础,也是衡量一个国家的科学技术发展水平和综合实力的重要标志之一,世界各国都把精细化工作为化学工业优先发展的重点行业之一。

精细化学品广泛应用于国民经济各行各业中，起到提高质量、节能、降耗、增加产量、改善和提高人民生活等重要作用，是当今世界各国竞相发展的重点和热点，也是我国 21 世纪初作为调整国家大中型企业产品结构的重要措施。同时，精细化学品的化学结构与其特殊性能之间的关系规律，也已被应用到许多高新技术领域中，如激光技术、信息记录与显示、能量转换与储存、生物活性材料、医药与农药等。

（1）精细化工的范畴

精细化工的形成是与人们的生产和生活紧密联系在一起的，是随着化学工业和整个工业的发展进程而逐步发展的。早期，人们使用的一些材料主要是取自天然。19 世纪以来，以传统的肥皂、香料、医药、染料、颜料的生产开始，到 20 世纪 50 年代，由于石油化学工业的迅速兴起，高分子合成材料的发展，合成洗涤剂、黏合剂、涂料、表面活性剂以及能赋予合成材料各种特性的稳定剂、增塑剂等添加剂的出现，促进了合成精细化学品的发展。进入 70 年代，两次世界性的"石油危机"导致欧美和日本等石油化工发达国家被迫调整产品，加强了精细化工和新技术的开发，精细化工开始形成独立的工业部门。20 世纪 80 年代以后，工业发达国家化学工业结构重组，产品结构升级换代，产品的精细化和功能化，加速精细化工的发展已成为世界化学工业的一个重要发展动向。例如，美国 20 世纪 70 年代化工精细化率约为 40%，80 年代增至 45%，目前在 60% 左右。纵观世界主要工业国家关于精细化学品的范围可以看出，虽然划分有些不同，但并无多大差别，只是划分的宽窄范围不同而已。随着精细化工技术在国家社会、经济发展中的地位日显突出，一些新兴精细化工行业正在不断出现，行业越分越细，越分越多，精细化工的理论体系也正在逐步形成。通常认为，精细化工应涵盖精细化学品的分子设计、化学合成、剂型配方及工业制造技术。围绕着具有特定应用性能的精细化学品这一核心所开展的工作通常包括：合成筛选的分子设计理论与方法；具有工业实用价值的合成方法与路线；提高与强化最终应用性能的剂型配方技术及保证质量和降低能耗物耗的工业制造技术。

（2）精细化学品概述

精细化工产品（又名精细化学品）是化学工业中用来与通用化工产品或大宗化学品相区别的专用术语。精细化学品，也被称为专用化学品，大都通过一定的配方由一种或几种主要成分与辅助成分，按一定的比例制成特定剂型的混合物，然后在市场上冠以商品名出售，可适用于某一特定对象并满足应用对象对其性能提出的要求。因此，专用化学品的研究，就是精细化学品的应用配方及应用技术的研究，是精细化学品走向实际应用的必由之路。

精细化学品一词国外沿用已久，国内外许多学者对精细化工产品提出的定义到目前为止还没有一个公认的说法。20 世纪 70 年代，美国化工战略研究专家 C. H. Kline 根据化工产品"质"和"量"引出差别化的概念，把化工产品分为 4 类，见表 1-1、表 1-2。根据 Kline 的观点，精细化学品是指按分子组成（即作为化合物）来生产和销售的小吨位产品，有统一的商品标准，强调产品的规格和纯度；专用化学品是指小量而有差别的化学品，强调的是其功能。现代精细化工应该是生产精细化学品和专用化学品的工业。我国和日本等国正是将精细化学品和专用化学品纳入精细化工的统一范畴。从产品的制造和技术经济性的角度进行归纳，把凡具有生产规模较小、投资少、合成工艺精细、技术密集度高、品种多、更新换代快、利润率高和附加价值高、功能性强和具有最终使用性能的化学品称为精细化学品。

表 1-1　化工产品分类

1. 通用化学品（commodity chemicals）指大量生产的非差别性制品，如化肥、硫酸、烧碱、通用塑料等
2. 拟通用化学品（pseudo-commodity chemicals）也称半通用化学品（semicommodity chemicals），指大量生产的差别性制品，如炭黑、火药、合成纤维、合成树脂等
3. 精细化学品（fine chemicals）指少量生产的非差别性制品，如染料、颜料、医药、农药的原药
4. 专用化学品（specialty chemicals）指少量生产的差别性制品，如医药、农药、感光材料、调和香料等

表 1-2　精细化学品与专用化学品的区别

精细化学品	专用化学品
单一化合物，可以用化学式表示其成分	很少为单一化合物，是依靠配方的复合物，不能用化学式表示
非最终使用性产品，用途广	种类繁多，加工度高，为最终使用产品，每种产品用途窄
用一种方法或类似的方法制造，不同厂家的产品基本上没有差别	各厂家互不相同，产品有差别，甚至完全不同
按其所含的化学成分来销售	按其功能销售
生命周期相对较长	生命周期短，产品更新快
生产资料广泛，可解密的专利	附加价值高、利润率高、技术机密度高，依靠专利垄断市场，有技术诀窍并严格保密，新产品的研发生产完全依靠本企业的自有技术

（3）精细化工产品的分类

精细化工的范畴相当广泛，包括的范围也无定论。各国对精细化工的范畴的规定是有差别的。纵观世界主要工业国家关于精细化学品的分类可以看出，虽然划分有些不同，但并无多大差别，只是划分的宽窄范围不同而已。目前国际上关于精细化学品的分类缺少通用准则，即使在一个国家内，由于分类的目的不同，包括的范围也不尽相同。随着科学技术的不断发展，一些新兴精细化工行业正在不断出现，行业越分越细、越分越多。日本 1984 年版《精细化工年鉴》中共分为 35 个行业类别，而到 1985 年，就发展为 51 个类别。世界上每个国家关于精细化学品的分类均有一些差别，我国原化学工业部 20 世纪 80 年代颁布的《关于精细化工产品的分类的暂行规定和有关事项的通知》中明确规定，中国精细化工产品包括 11 个产品类别，分别是农药、染料、涂料（包括油漆和油墨）、颜料、试剂和高纯物、信息用化学品、食品和饲料添加剂、黏合剂、催化剂和各种助剂（化工系统生产的）、化学药品（原料药）和日用化学品、（高分子聚合物中的）功能高分子材料（包括功能膜、偏光材料等）。

以上 11 个类别中每一类别又分为许多小类。以催化剂和各种助剂为例，它又分为催化剂、印染助剂、塑料助剂、橡胶助剂、水处理剂、纤维抽丝用油剂、有机提取剂、高分子聚合物添加剂、机械和冶金用助剂、油品添加剂、炭黑（橡胶制品补强剂、吸附剂）、电子工业专用化学品、纸张用添加剂、其他助剂等 20 个小类。小类又可细分，比如，塑料助剂包括增塑剂、稳定剂、发泡剂、塑料用阻燃剂等。上述分类并未包含精细化工的全部内容，例如医药制剂、酶、化妆品、香精和香料、精细陶瓷等。

二、精细化工的特点和生产特性

（1）小批量、多品种、高纯度

精细化工产品都具有一定的应用范围，功能性强，尤其是专用化学品和定制化学品，往往是一种类型的产品，可以有多种规格型号，而且新品种、新剂型不断涌现。因此品种多是精细化工的一个重要特征。例如医药，全世界有医药原料药（含不同盐类、酯类）约 6000 多种，而不同厂家生产的不同剂型、不同配方、不同牌号的各种制剂约几十万种。又如表面活性剂，利用其所具有的表面特性，可制成各种洗净剂、渗透剂、分散剂、乳化剂、破乳剂、起泡剂、消泡剂、润湿剂、增溶剂、柔软剂、抗静电剂、防锈剂、防雾剂、精炼剂、脱皮剂、抑制剂等。目前国外表面活性剂的品种有 5000 多种。由于大多数精细化工产品的产量较小，商品竞争性强，更新换代快，因此，不断开发新品种、新配方、新剂型、新用途，以及提高品种创新和技术创新的能力，是现代精细化工发展的总趋势。

（2）技术密集度高

精细化学品的生产过程与通用化工产品不同，首先经过研究开发，化学合成（或从天然物质中分离提取）与精制加工，进而商品化，属综合性较强的知识密集和技术密集型工业。

精细化学品的研究开发，关键在于创新。根据市场需要，提出新思维，进行分子设计，采用新颖化工技术优化合成工艺，采用精细化工行业独有的配方剂型技术研发新配方。早在 20 世纪 80 年代初，ICI 公司的 C. Suekling 博士就提出研发与生产和贸易构成三维体系，衡量化学工业水平的标志，除了生产和贸易外，主要是它的研发水平。1993 年美国的研发费用 1657 亿美元，而化学工业的科研费用约占 10%，其中医药方面的研究开发用去了一半。2000 年美国的研发费用达到 2646 亿美元，1990~2000 年年平均增长 5.7%。

技术密集还表现在情报密集、信息量大而快。此外，精细化工生产技术保密性强，专利垄断性强，世界各精细化工公司都通过自己的技术开发部拥有的技术进行生产，在国际市场上进行激烈的竞争。

（3）综合性生产流程与多功能生产装置

尽管精细化学品种类繁多，但合成所涉及的单元反应，不外乎卤化、磺化、硝化、烷化、酯化、氧化、还原等；所用化工单元操作，多为蒸馏、浓缩、脱色、结晶、干燥等组合，尤其是同类产品的生产。为适应多品种、小批量的生产特点，可将若干单元反应、若干化工单元操作，按照最合理的方案组合，并采用计算机控制，使装置具有生产多个产品的功能，而生产流程具有一定的综合性，从而改变单一产品、单一流程、单一装置的不足。

例如综合生产流程和多功能生产装置，设有自动清洗及确认清洗效果的装置，可用同一套装置生产同类产品多个品种。英国帝国化学工业公司的一个子公司，1973 年以一套装备、三台计算机生产当时的 74 个偶氮染料的 50 个品种，年产量 3.5kt。采用同一套装备生产工艺流程不同的多种产品，是精细化工装备的重大进展。如日本化药（株）的"无管路化工厂"、"多用途装备系统"如图 1-1 所示。

（4）大量采用复配技术

大量采用复配技术是精细化工的重要特点。针对各种专门用途的需要，单一组分的化合物往往难以达到使用要求，必须加入其他组分，以提高其功能性和应用性。采用复配技术所得到的产品，具有改性、增效和扩大应用范围等功效和特点，因此复配技术是精细化学品生产中的重要技术。例如，化妆品是由油脂、乳化剂、保湿剂、香料、色素、添加剂等复配而成，具有清洁、修饰、美容、保健等多种功能。若配方不同，其功能和应用对象自然不同。化妆品随着人民生活水平的提高发展极为迅速，五花八门，琳琅满目，全世界化妆品的销售总额超过 400 亿美元。

又如水处理剂广泛用于石油化工、化纤、化肥、钢铁冶金、火力发电设备的工业水处理，既能有效防止设备的腐蚀和结垢、延长设备的使用寿命和检修周期，又可节省淡水资

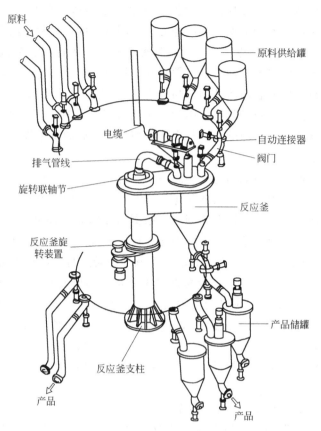

原料
原料供给罐
电缆
自动连接器
排气管线
阀门
旋转联轴节
反应釜
反应釜旋转装置
产品储罐
反应釜支柱
产品
产品

图 1-1　多用途装备系统及无管路化工厂示意图

源，社会、经济、环境效益显著。水处理剂通常是由阻垢分散剂、缓蚀剂、软水剂、杀菌灭藻剂等复配组成，显然不同水质的工业用水，其水处理剂的配方也应不同。

（5）具有特定的功能

精细化学品都具有特定的功能。这种功能主要表现为物理性能、化学作用和生物活性。如物理性能系指耐高温、高强、超硬、绝缘、半导、导体、超导、磁性、吸音、吸热等，有的同时伴有化学作用。表现为某种特定物理效应的，如热电、热敏、压电、光电、声光、激光、磁光等。研究这些特性，导致一系列新型材料应运而生，如光学功能材料、磁性材料、形状记忆材料、精细陶瓷材料、梯度功能材料、智能材料等。这些新型材料在航空航天技术、信息技术、激光技术、新能源技术、海洋技术、生物工程技术等方面具有重要的应用。

（6）附加值高

附加值是指当产品从原材料经物理化学加工到成品的过程中实际增加的价值，它包括工人劳动、动力消耗、技术开发和利润等费用，所以称为附加值。由于精细化学品研究开发费用高、合成工艺精细、开发的时间长、技术密集度高，必然导致附加值高。精细化工产品的附加值一般高达 50% 以上，比化肥和石油化工的 20%～30% 的附加值高得多，见表 1-3。

表 1-3　石化原料加工后产品的产值

化学品类别	石油化工原料	初级化学品	有机中间体及最终产品	合成材料、清洗剂、化妆品等	家庭耐用品、纺织品
价值/美元	100	200	560	1340	10600

（7）商业性强

商业性是由精细化学品特定功能和专门用途决定的。消费者对精细化学品的选择性很强，对其质量和品种不断提出新的要求，使其市场寿命较短、更新换代很快。精细化学品的高技术密集度、高附加价值和高利润率，使其技术保密性、专利垄断性较强，导致产品竞争激烈。提高精细化学品市场竞争性，既需要专利法的保护，更需要产品质量保证。因此，以市场为导向研发新品种，加强应用技术研究、推广和服务，不断开拓市场，提高市场信誉是增强产品商业竞争力的关键。

三、精细化工剂型复配技术

精细化工技术，主要包括分子设计理论与方法技术、反应合成技术、工艺技术、剂型配方技术、绿色精细化工技术、分离提纯技术等。其中反应合成技术、剂型配方技术、分离提纯技术是精细化学品生产中最为重要的三大支撑技术。

精细化工中的剂型配方技术与普通或基本化工不同，它左右着产品的最终性能，其技术核心是将单一化合物通过剂型配方而发挥出更为明显、有效的实际应用效果，并降低对非应用对象及环境、生态的有害影响。主要关键领域如下。

① 复合增效与助剂增效技术。在精细化工中，复合增效是较为普遍的现象，其特点是在多组分混合后，各组分比其单独使用时的简单加和效果还要好，如分散染料与荧光增白剂在色光强度上的二组分或多组分的复合增效现象，照相菁染料多组分组合后的超增感现象，农药中二组分或多组分的专门针对抗性病虫草害的多元配方农药等。而助剂增效是指某些没有应用效果的助剂与精细化学品混合后，可显著增强后者的应用效果，如染料在助剂促进下的载体染色过程，农药中有机磷及拟除虫菊酯的杀虫活性的助剂促进作用。

② 固体与液体形态控制与应用技术。颜料的色光与坚牢度不仅仅取决于分子结构，更与应用时其固体晶形的类别有非常大的关系，而这都是我国工业及研究开发所忽视的弱项。又如为便于使用及运输，固体粉末染料用分散剂可加工成液体染料。此外，固体颗粒的超细化明显会提高染料的上染速度、农药、医药的生物利用度及活性。

③ 控制释放技术。为便于控制使用精细及专用化学品并稳定其使用效果，此项技术成为精细化工中极为重要的配方技术，在长效杀虫剂、缓释医用镇痛药、热敏及压敏染料中已有重要应用。目前制约其发展的主要因素是助剂辅料及制备技术的缺乏与不成熟。

（1）精细化学品复配技术

复配技术被人们称为"1＋1＞2"的技术，在精细化学品新产品开发中也有着非常重要的作用。为了满足各种专门用途的需要，许多由化学合成得到的产品，除了要求加工成多种剂型（粉剂、粒剂、可湿剂、乳剂、液剂等）外，常常必须加入多种其他助剂进行复配。由于应用对象的特殊性，很难采用单一的化合物来满足要求，于是配方的研究便成为决定性的因素。例如化妆品，常用的脂肪醇只有很少几种，而由其复配衍生出来的商品，则是五花八门，难以作确切的统计。涂料、农药、表面活性剂等门类的产品，情况也类似。有时为了使用户方便及安全，也可将单一产品加工成复合组分商品，如液体染料就是为了使印染工业避免粉尘污染环境和便于自动化计量而提出的，它们的组分要用到分散剂、防沉淀剂、防冻剂、防腐剂等。

精细化工产品配方的设计和研究，实际上是多元的复配技术研究。多种成分共存于一个配方中称为复合配方。不同组分的复合，对产品性能可能有三种不同的效果：

① 对抗作用。所谓对抗作用是指配方中各药剂之间配伍时产生物理、化学作用，严重影响产品的性能，各主要成分复配的综合效果差于各成分单独使用时的效果。例如，在一般情况下，将阴离子表面活性剂与阳离子表面活性剂混合时，会产生沉淀而影响表面活性。又如氧化胺与十二烷基苯磺酸钠复配时，会使去污力下降等。这类现象在配方产品研究中必须注意避免。

② 相加作用。所谓相加作用是指复合配方总效果是各复配成分效果的加和。此时虽无增效作用，但组分的性能可以相互补充。因而在配方研究中经常利用这种搭配方式，尤其在农药混剂中，由于复合组分可以延缓病虫对药物的抗药性，故有相当部分的农药混配属于这种情况。此类配方常被推荐。

③ 增效作用。所谓增效作用，简单地理解就是复配后提高了产品性能。比如谷氨酸钠与肌苷酸钠或鸟苷酸钠混合制造味精时，其鲜味可增加几倍至几十倍。因而寻找增效搭配，常是配方设计和研究的重要内容。

复合增效的配方常具有以下优点：

a. 有利于系列产品的开发和扩大应用领域；

b. 提高产品性能，或赋予产品新的功能；

c. 通过复配提高综合性能，降低药剂投加量，降低成本；

d. 有利于解决安全性问题。

目前，有关药剂间的协同效应除了有一些经验性指导外，主要是通过实验室配方研究实验来判断。因此，为了找到增效搭配物质及搭配的最佳比例，应先查阅文献资料，了解有关增效配伍物质的情况，并充分研究各组分间的物理和化学作用机理，在此基础上进行配方设计。此时必须注意，即使组分间有协同效应，其明显的增效作用是与增效组分间的比例有关的。因此需通过大量的筛选实验，对多种物质及不同的比例进行实验，并通过性能测试对比，方能筛选出增效的配方。

配方研究对精细化工产品的开发极为重要。发达国家对此十分重视，研究配方的工作人员会比研究合成工艺的工作人员更多。其原因在于很少有一种单一的化学品能完全符合某一项特定的最终用途。例如，阿司匹林要复配制成复方阿司匹林的药片；洗涤精是由若干种不同结构的表面活性剂及化工产品复配而成；染料的使用必须加入各种助剂，借此提高其应用性能。

配方研究是精细化工产品应用技术开发的中心工作。配方本身确有一定的科学性，但很大的程度上也依赖于经验的积累。配方研究人员，不仅要有科学理论知识作指导，同时还需对各种化学品的性能有丰富的知识；此外，还要有一定的经验及直觉，例如化妆品中香水的复配就几乎是一种艺术。

配方研究人员的任务是根据一项具体的应用要求，以企业生产的某一种化工产品为研究对象，通过大量筛选式的复配实验，确定需要加入的助剂或添加剂的种类及数量、最佳应用工艺等。这时，除考虑确定最佳的应用配方以及应用工艺外，如何降低成本、如何推广应用技术也是十分重要的。

从发达国家产品数量与商品数量之比为 1∶20 和我国目前仅为 1∶3 的差别可看出，我国的精细化学品不仅品种、数量少，而且质量差。关键的原因之一是复配增效技术落后。复配技术的研究将成为产品走向市场成功的决定性因素，因而需要大力加强该方面的研究。

配方产品的制造，从原料的选择到加工工艺乃至应用，其中包含了许多学问和经验。就配方中有效成分的选择而言，只有当品种、质和量都恰到好处时，才可能发挥主成分物质间的显著的相乘效果。作为配方结构中不可缺少的辅助物质而言，亦只有在品种、质和量方面恰到好处时，才可使主成分充分发挥作用并令产品的使用性能满足使用对象的要求，否则会产生反效果。就工艺而言，也有不少诀窍：有时配方的成分、配比都没有问题，仅因加料次序不当或搅拌混合速度不当，即会令组分之间分层或产生沉淀，得不到实用性的产品；有时组分配比、混合次序都得当，但因温度控制不好或忽略了某一过程需要放置一定时间而得不到要求的产品；有时仅因产品的加工细度不够而严重影响产品的效能。

因此，经过剂型加工和复配技术所制成的商品数目，远远超过由合成而得到的单一产品数目。采用复配技术所推出的产品，具有增效、改性和扩大应用范围等功能，其性能往往超过单一的产品。因此，掌握复配技术是使精细化工产品具备市场竞争能力的一个极为重要的方面。

（2）剂型技术

① 剂型研究的目的。首先是要将产品成为适合于某一特定对象、用途的一种形式，以满足生产工艺或使用条件的要求，充分发挥产品性能。在配方产品中，经常会遇到配方的主成分物质为水不溶性的情况，但其使用的对象，却是水性系统。此时就必须通过剂型研究使主成分物质获得水溶性或水分散性。以用作工业冷却水的杀菌剂为例，二硫氰基甲烷是水不溶性物质，用于工业冷却水中，就必须通过表面活性剂、溶剂等，将其变成一种可在水中溶解的液体产品。又如水不溶性的硅油，用于电子线路板生产中作碱性除膜工作液的消泡剂时，就必须将硅油乳化，令其在水溶液中有良好的渗透性和分散性。上述的溶液、乳化液是剂型中普遍使用的剂型。配方产品不同，使用对象和条件不同，与之相适应的剂型也不同。比如使用农药杀虫杀菌剂，要令其在田间发挥作用，首先要解决如何把几百克甚至不到 10g 的农药有效成分分散到面积达 $1km^2$ 的田地或作用对象即靶标上，同时还要考虑植物叶片表面的蜡质层和昆虫表面对药物黏附性的影响，以及农药使用者可以接受的施药方法等。由于化学农药的原药通常为水不溶的有机化合物，当欲以水为稀释剂并采用一般喷雾器把其喷洒到田间时，就需借助于助剂将原药加工成可湿性粉剂或乳剂；当借助于填料、载体作为稀释剂，并以手撒或喷粉装置把其撒至田间时，便可将其加工成粉剂；当采用飞机及专用设备喷洒时，则可将其加工成高、低或超低容量喷雾剂等等。

剂型研究是农药等许多精细化工产品应用时必不可少的，采用何种剂型，则决定于原药的性质及使用的条件。

剂型研究，还常常可以达到节约用量、提高效率、减少污染等目的。以已广泛应用于各方面的气雾剂产品为例，采用气雾剂剂型的空气清新剂、杀虫气雾剂、消毒气雾剂、除臭气雾剂等，由于所喷出的气雾颗粒极小，表面积很大，故只用少量药液即可获得大量的在空气中长时间飘浮的粒子。这些粒子与空气中的有害物质、病原菌、卫生害虫等接触的机会多，故可用少量药剂获得最大的效果。又如将农药加工成超低容量喷雾剂时，由于超低容量的制剂其活性物含量大于 10%，甚至可采用高浓度原油，故采用地面超低容量喷雾系统时，每公顷面积上所用喷雾液体量，对田间作物的喷雾液量小于 5L，对果树森林为 4～6L；采用飞机空中超高容量喷雾系统时，对田间作物及果树森林分别为 1～3L 和＜5L。而用高容量、低容量制剂时，地面装置喷雾液体量，对田间作物分别为＞400L、5～100L，对果树森林分别为＞75L、15～30L。相比可见，采用超低容量剂型，可大大提高作业效率，且可减少用药量及环境污染。再如20世纪70年代发展起来的缓释剂型，由于能按剂量要求控制释放，可延长有效期、减少流失和污染，因而为越来越多的产品采用。如农药的马拉松胶囊剂、涕灭威长效颗粒剂、电热驱蚊片、抽水马桶用块状消毒剂、固形芳香剂、缓慢释放的长效口服药、长效颗粒复合肥等等。

剂型的研究是许多配方产品研究的重要内容之一。解决剂型问题，主要是如何选择助剂。助剂的发展水平，常左右着剂型的研究。因而也可以说产品剂型的研究是应用技术对助剂要求的研究。

剂型加工涉及的助剂及原料主要有润湿剂、分散剂、乳化剂、助溶剂、溶剂及填料、载体等。表面活性剂在剂型加工中的作用十分重要，因而掌握表面活性剂的有关知识，对正确选择润湿剂、分散剂、乳化剂、助溶剂等是十分必要的。此外，剂型的研究还涉及剂型的应用技术、有关装置及设备的研究等。如气雾剂要有气雾罐包装，要有合适的喷头。超低容量喷雾，要有相应的地面或空间喷雾装置等等。

② 常用精细化工剂型分类。采用物理化学分散系统为主的分类方法，便于应用物理化学原理来阐明各类剂型的特征。

a. 真溶液型。这一类剂型是由活性成分分散在分散介质中形成的均匀分散体系，配方各组分以分子或离子状态存在，又称低分子溶液。在精细化工产品中有如香水、香精、某些软饮料、饮料酒、某些口服液等。

b. 胶体溶液型。主要以高分子物质分散在分散介质中形成的均匀的液态分散体系，也叫高分子溶液。在精细化工产品中有某些液体洗涤剂、墨水墨汁、胶浆剂、涂膜剂等。

c. 乳剂型。主要是配方中亲油性组分和亲水性组分其中一相以微小液滴分散在另一相中形成的非均匀分散体系。在精细化工产品中有化妆品乳液、农药乳油、乳化香精、口服乳剂等。

d. 混悬型。混悬型主要是固体物质以微粒状态分散在分散介质中形成的非均匀分散体系。如农药混悬剂等。

e. 半固体型。半固体型制剂的分散方式较为复杂，与前述液体制剂类似，有溶液型、混悬型和乳浊型三种分散形式，所得产品的最终物理形态为半固体。在精细化工产品中有如化妆品膏霜、润滑脂、牙膏、上光蜡类制品、固体燃料等。

f. 固体分散型。固体分散型主要是固体物质相互分散以聚集体状态存在的体系。它又可以分为粉剂和颗粒剂。粉剂有如陶瓷粉末、碳酸钙粉末、磷酸氢钙粉末、香粉等制品；颗粒剂有如洗衣粉、农药颗粒剂、食品颗粒剂、药物冲剂等。

g. 微粒分散型。微粒分散型通常是以不同大小微粒呈液态或固体状态分散的剂型。如微球剂、微胶囊剂、纳米囊、纳米球、脂质体等。在精细化工产品中常见的是微胶囊和脂质体。微胶囊有如香精微胶囊、食品添加剂微胶囊、药物微胶囊、农药微胶囊、颜料微胶囊等；脂质体在化妆品、医药等方面已有一定的应用。

h. 气体分散型。气体分散型主要是液体或固体物质以微粒状态分散在气体分散介质中形成的分散体系。有气雾剂和喷雾剂，在精细化工产品中有如杀虫及消毒气（喷）雾剂、化妆品气（喷）雾剂、家用化学品气（喷）雾剂、医用气（喷）雾剂等。

③ 剂型加工基本方法（见表1-4）。

表 1-4　典型剂型加工的基本方法

类　型	加工的基本方法
(1)干制剂	
粉剂	① 　　　　　　　　　　　　　　原药 填料干燥→初粉碎→配料→再粉碎 　　　　　　　　↑ 　　　　　　　助剂 　　　　　包装←检验←混合
微粉剂	填料(矿土)→配料→混合→粉碎→检验 　　　　　　↑　　　　　　　　↓ 　　原药、物性改良剂　　　　　包装
无漂移粉剂	参照粉剂,填料要经高温焙烧、粉碎,分级后再使用
可溶性粉剂	①喷雾干燥法 母液 　　→配料→混合→喷雾热干燥→检验 助剂　　　　　　　　　　　包装← ②低温盐析法 母液 　　→配料→低温盐析→过滤→干燥 助剂　　　　　　　　　　　　↓ 　　　　　　　　包装←检验
可湿性粉剂	参照粉剂
固体乳剂(乳粉)	粉末纤维素 　　　↓ 原药→配料→搅拌混合→检验→包装 　　　↑　　　↑ 填料　　　助剂
水分散性粒剂(微粒可溶性粉剂)	①喷雾干燥造粒法 　　水,稀释剂 　　　↓ 原药→配料→湿式粉碎→喷雾干燥→检验 　　　↑　　　　　　　　　　　包装← 润湿剂,分散剂 ②转盘造粒法 　　填料 　　↓ 原药→配料　→混合→细粉碎→混合 　　↑　　　　　　　　　　　↑ 助剂　筛分←干燥←转盘造粒 　　　↓ 检验→包装
粒剂(颗粒剂)	①包衣法 　　　　原药 　　　　↓ 选砂→干燥→配料→包衣→检验→包装 　　　　↑ 　　　助剂 ②捏合法 　　原药 　　↓ 填料→配料→粉碎→混合→造粒→干燥 　　↑　　　　　　　　　　　　↓ 助剂　　　　　包装←检验←过筛 ③浸渍法 　　原药 　　↓ 造粒→喷雾混合→脱溶→检验→包装 　　↑ 助剂
微粒剂 F	参照粒剂

类　　型	加工的基本方法
(2)液制剂	
水剂	水 ↓ 原药→配料→混合溶解→检验→包装 ↑ 助剂
乳剂(乳油)	溶剂 ↓ 原药→配料→搅拌混合→检验→包装 ↑ 助剂
超低容量油剂(农药)	溶剂 ↓ 原药→配料→混合→检验→包装 ↑ 助剂
静电超低容量油剂(农药)	参照超低容量油剂
悬浮剂(胶悬剂)	防冻剂,防腐剂 ↓ 原药→配料→分散→初粉碎→细粉碎→混合 ↑ 增稠剂 包装←检验←过滤←
浓乳剂(乳型悬浮型)	水　　　　　　原药　　水,增稠剂等 ↓　　　　　　↓　　　　↓ 　混合→溶解→分散→乳化→混合 ↑ 分散剂 包装←检验←
微乳剂(水基乳剂)	水,溶剂 ↓ 原药→配料→混合→过滤→检验→包装 ↑ 乳化剂
(3)烟剂	燃料 ↓ 原药→配料→混合→检验→包装 ↑ 助剂

四、精细化工的发展趋势

当今全球化学工业主要产品趋于相对稳定的平衡状态，但是精细化工仍然得到了快速的发展，全球精细化工以年均 5％的速率增长。据报道，2001 年世界精细化学品市场销售额达到 520 亿美元，其中医药中间体为 370 亿美元，农用精细化学品为 75 亿美元，食品添加剂和饲料添加剂为 25 亿美元，染料为 25 亿美元，其他精细学品为 25 亿美元。这其中定制化学品达到 80 亿美元。在全球精细化学品市场份额中，40％为西欧生产，北美占 25％，日本为 15％，其他国家共占 20％。

近 10 多年来，我国的精细化工发展较快，已基本形成了结构布局合理、门类比较齐全、规模不断发展的精细化工体系。精细化学品品种近 30000 种，不仅传统的染料、农药、涂料等精细化工产品在国际上已具有一定的影响，而且食品添加剂、饲料添加剂、胶黏剂、表面活性剂、电子化学品、油田化学品等新兴领域的精细化学品也较大程度地满足了国民经济建设和社会发展的需要。但是，我国精细化工在化学工业中所占的比重还比较小，接近 40％，西欧、美国、日本等发达国家化工精细化率达 60％以上。而且一些高档精细化学品还需要进口。因此，大力发展精细化工是我国化学工业发展的长期任务、重中之重，国家工业结构调整规划已将精细化工作为化学工业优先重点发展的行业之一。

精细化工作为现代化学工业的重要组成部分，是发展高新技术的重要基础，也是衡量一个国家的科学技术发展水平和综合实力的重要标志之一。世界各国都把精细化工作为化学工业优先发展的重点行业之一。早期的精细化工所强调的是技术本身的深化与密集，为竭力满足消费者的需求，对精细化学品在功能或性能上均有较全面的要求。而现代精细化工发展趋势则表现为在环境友好、生态相容的前提下追求技术的高效、专一，在环境友好及生态相容的前提下，广泛采用高新技术，使产品向精细化、功能化、高纯化发展；发展绿色化学生产工艺，使精细化工生产过程由损害环境型向环境协调型发展，实现精细化学品的生产和应用全过程的控制。对产品的要求是对环境、生态、使用对象作用上的高度和谐统一。可见精细化工技术目前正经历着由"人与技术"的概念向"人与技术及生态环境"的概念转变的过程；此外，信息科技、生命科学、材料科学、微电子科学、海洋科学、空间科学技术等高新技术产业的发展，对精细化学品的种类、品种、性能和指标提出了更高的要求，为精细化工发展开辟了广阔的前景。

任务二　认知配方制剂产品的开发生产过程

【任务介绍】

某精细化工研究所招聘一批高职精化专业毕业生作实验员，在项目主管的带领下开展配方制剂产品的开发试验工作，需要熟知配方制剂产品的开发生产过程，懂配方设计原则、配方原理设计、配方结构设计，能查阅搜集相关文献资料，能认知几类配方产品典型设备，能初步撰写配方产品研究报告主体框架。

【任务分析】

1. 熟知配方制剂产品的开发内容及过程、车间生产注意事项；
2. 熟知配方产品复配增效作用、剂型研究目的及典型剂型类别；
3. 会查阅搜集整理相关配方产品文献资料；
4. 能认知几类配方产品典型设备；
5. 能完成配方产品研究报告主体框架。

【任务实施】

主要任务	完 成 要 求	地　点	备注
1. 查阅液体洗洁精相关文献资料	1. 查阅液体洗洁精文献资料,包括:用途、原理、原料及价格、配方、设备、工艺、国家标准、操作规程、发展趋势; 2. 查询原料价格、设备价格,试核算配方成本、设备投资	构思设计室	
2. 确定洗洁精配方组成	1. 确定配方组成,描述该配方原理设计、结构设计; 2. 设计小试方案,写出实验步骤、注意事项	构思设计室	
3. 确定洗洁精的生产工艺产品鉴别	1. 确定洗洁精的生产工艺; 2. 选定典型设备; 3. 对照小试方案、实验步骤、注意事项,尝试编写操作规程	构思设计室、实训室	
4. 撰写产品研究报告主体框架	尝试撰写产品研究报告主体框架	构思设计室	

【任务评价】

主要任务	完 成 要 求	分值	得分
1. 查阅液体洗洁精相关文献资料	1. 查阅液体洗洁精文献资料,包括:用途、原理、原料及价格、配方、设备、工艺、国家标准、操作规程、发展趋势; 2. 查询原料价格、设备价格,试核算配方成本、设备投资	20	
2. 确定洗洁精配方组成	1. 确定配方组成,描述该配方原理设计、结构设计; 2. 设计小试方案,写出实验步骤、注意事项	30	
3. 确定洗洁精的生产工艺产品鉴别	1. 确定洗洁精的生产工艺; 2. 选定典型设备; 3. 对照小试方案、实验步骤、注意事项,尝试编写操作规程	30	
4. 撰写产品研究报告主体框架	尝试撰写产品研究报告主体框架	20	

【相关知识】

精细化工配方、制剂产品或称专用化学品，都是由一种或几种主要成分与辅助成分，以一定的比例制成特定剂型后冠以商品名的混合物。它是通过一定的配方、制成一定的剂型，适用于某一特定对象并满足应用对象对其性能提出的要求。因此，专用化学品的研究，就是精细化学品的应用配方及应用技术的研究，是精细化学品走向实际应用的必由之路。

配方研究的主要任务，可以概括为两个方面。一方面，从国民经济各领域、各部门对专用化学品各种要求角度来说，配方研究的任务是提供功能独特的专用产品，满足各特定对象的要求；另一方面，从精细化工行业本身的角度来说，配方研究的任务，则是充分发挥每一种精细化工产品的潜能，实现一物多用，开发出尽可能多的高效、性能各异的专用系列产品，在满足用户要求、创造社会效益的同时，创造经济效益并求得自身的发展。而对于一个具体配方，其研究目的是为特定的应用对象提供最佳性能及应用技术，以满足用户的要求，并得到良好的社会效益和经济效益。

配方研究，有一套与化学合成不同的方法。配方产品的制造，从原料的选择到加工工艺乃至应用，其中包含了许多知识和经验。就配方中有效成分的选择而言，只有当品种、质和量都恰到好处时，才可能发挥主成分物质间的显著的相乘效果。作为配方结构中不可缺少的辅助物质而言，亦只有在品种、质和量方面恰到好处时，才可使主成分充分发挥作用并令产品的使用性能满足使用对象的要求，否则会产生反效果。就工艺而言，也有不少诀窍：有时配方的成分、配比都没有问题，仅因加料次序不当或搅拌混合速度不当，即会令组分之间分层或产生沉淀，得不到实用性的产品；有时组分配比、混合次序都得当，但因温度控制不好或忽略某一过程需要放置一定时间而得不到要求的产品；有时仅因产品的加工细度不够而严重影响产品的效能。

一、文献资料、情报信息获取

配方产品的制造不是几种物质的简单混合，很少是照方抓药就能配成的，配方产品开发过程通常都带有研究性质。据统计，现代一项新发现或新技术，其内容的90％可从已有的资料中获得。因此，在配制产品之前，先要通过学习及调查，从各方面获取信息，提高自己的专业素养，这才是通向目的的捷径。

（一）文献资料调查的基本方法

文献、资料的调查内容包括：配方产品目标性能的主成分物质，功能类似的产品的现有品种，配方的基本构成、配制工艺技术、设备与流程，产品技术水平现状，技术发展趋势，产品质量检测方法及所需手段，产品性能、开发及应用技术方面有待解决的难题，有关原材料性能、价格、货源与质量、原料代用品的情况，以及与产品有关的政策、法规、标准等。通过技术调查，可正确定位开发的产品应达到的技术及性能水平；可以尽可能多地吸取以往产品开发的经验及新技术、新观点、新工艺，为产品开发制定技术路线、原料路线，以及为产品检测方法的拟定、产品应用等各环节积累有关资料；可以避免开发工作在低水平上的重复劳动，提高产品的开发速度。此外，产品开发者还可根据获得的信息，分析开发工作的难度、确定主攻点，并做出有无能力开发的判断。

文献、资料调查方法可通过计算机情报检索，查询特定的问题。输入检索词可快速从指定的数据库中找到有关资料，具有检索速度快、查全率高的优点。

也可利用检索性刊物查找，国内精细化工主要检索性刊物有：《中国化工文摘》、《全国报刊索引》（自然科学技术版）、《精细石油化工文摘》、《涂料文摘》、《日用化学文摘》、《中国石化文摘》等；国外精细化工主要检索性刊物有：美国《化学文摘》（简称 CA）、日本《科学技术文献速报》、德温特系列出版物、《日本特许·新案集报》等。

（二）市场调查

市场调查主要内容：如用户现用的产品牌号、来源；用户对产品性能的评价、提出的新要求；产品的用法、需求量；产品的销售走势；同类产品在市场上的竞争情况；相关行业的现状及发展趋势；与产品有关的原料及设备的生产现状，其产量、质量及价格走向等。

市场调查的方法通常是通过走访用户、生产及经营单位，参加产销会，或收集情报资料中透露的商业信息、国家的指导性政策等，从而掌握与产品有关的商业经济情报。市场调查获得的信息，可帮助从经济角度上分析新产品开发的可行性，为新产品开发提出成本、价格等经济目标，并对产品可达到的生产规模、产品销售方向、营销策略等提供决策依据。

二、综合分析与决策

将调查所得资料作综合整理、分析，可对有关产品能否开发、产品开发的目标、技术路线等做出决策。在作综合分析时，需注意以下几点：国家有关政策和法规、同类产品在发达国家的走势、用户心态等。

三、实验方案设计

配方产品的研究和开发，是以某一具体应用对象提出的性能要求作为工作目标，从基本理论、掌握的技术信息资料及以往经验出发，进行配方设计、实验探索，直至最后确定配方的最佳组成、配制技术、应用技术的过程。

精细化工产品品种繁多，性能千差万别，配方原理、结构、组成更是各不相同。但作为一类专用性很强的化工商品来说，其配方设计的指导思想，或配方设计的主要依据却是共通的。实验方案的核心内容主要由配方设计构成，配方设计又由配方设计依据和设计内容构成。

（一）配方设计的主要依据

（1）产品性能

配方产品是为特定目的及各种专门用途而开发的，因此，必须以特定应用对象和目的所要求的特定功能为目标进行配方设计。

一个产品的功能，一般都包含基本功能与特定功能两个方面。产品的基本功能包括使用对象、基本使用性能、产品外观、气味、寿命等，已体现在过往产品中，其理化性能已具体化为物理化学指标，并已通过各类标准对其指标的检测。因此，产品性能设计时，除全新的产品外，均应以同类已有产品的有关标准作为参考，并在此基础上创新、发展；特定功能是在具备基本功能的基础上，附加的特异新功能。开发新功能是配方产品设计的主要目标，但必须不忘记基本功能。这是产品功能设计时的基本原则。

（2）经济性

在保证产品性能前提下，应以获得最大效益为指导原则。从配方的原料路线、质量寻找增效搭配，辅助料、填料的使用，简化制造与应用工艺，合理包装等，均应围绕着降低成本，获得最大效能、最大效益这一经济原则。

经济实用，常是竞争中取胜的砝码，否则会被用户冷落，在竞争中会被淘汰。然而，经济性还必须与科学性、长远性等观点相结合，才可获得最大效益。以化妆品原料的选用为例，作为乳化稳定剂的十八醇，其分子蒸馏产品售价虽较贵，但由于其香气纯正，可减少配方中香精的用量，又可提高产品档次，故虽然采用了该种较贵的原料，使产品的单一原料成本提高，但售价却可因档次提高而大大提高。同样以化妆品为例，同质量的产品，包装简易者成本低，包装讲究者成本高。但后者常因包装好而提高产品档次，比前者有更好的经济效益。再以涂料为例，如果一种涂料的使用成本很低，但使用年限很短，而另一种涂料成本虽高，但具有很好的水洗去污性能，可在较长的使用期内保持良好的外观性能，那么两种产品相比，消费者会选择后者而不是前者。因此，产品配方设计时，应从多角度去综合考虑其经济性。

（3）安全性

精细化工配方产品设计时，关于安全性的考虑，应包括生产的安全性、使用的安全性、包装储运的安全性，以及对环境的影响等。

生产的不安全因素，常来自化工原料的毒性与腐蚀性、易燃易爆性以及生产设备和操作过程。设计时应尽量选用低毒、安全的原料，并应对生产设备及工艺探讨给予足够的注意。

使用的安全性，主要是指使用对象的安全性。使用对象可以是人及其器官，牲畜、工业设备等等。如各种洗涤剂、化妆品、食品添加剂、卫生杀虫剂、空气清新剂等均与人体直接接触，或被人体经口或呼吸系统直接摄入。对这些产品，在其性能设计时常把对人体的安全性放在第一位。为确保安全，国家经常制定产品标准及卫生法规等进行管理。这些法规是进行配方设计时必须遵循的。对饲料添加剂等也是如此。而对于水处理剂、锅炉清洗剂、工业清洗剂等，以工业设备为主要对象的产品，在操作者按章操作时可保证安全的前提下，其安全性主要是确保对设备无腐蚀。

对环境的不安全性，主要指产品制造、使用过程造成的环境污染。如涂料、农药、油墨的生产、使用过程中溶剂的臭味及对大气的污染，含磷洗涤剂对水域造成过肥，生产过程排放的污水造成的污染，生产过程的粉尘污染等等。由于国际社会对环境保护十分注意，先进工业国及我国均已开发出许多无污染的换代产品，对某些易产生污染的原料采取了禁用或限制使用的政策，对生产过程污染物排放制定了标准等，这些都是产品设计时应考虑或必须遵守的原则。

（4）地域性

由于地理环境、经济发展水平、生活习俗的不同，对产品的性能要求也不同，故产品配方设计时应考虑地域性原则。

例如衣用洗涤剂配方设计时，就要考虑不同地区水质的差别（是硬水还是软水），衣物上污垢的差别（以动植物油污严重污染为主还是轻度油污及灰尘为主）等等。水质稳定剂的配方亦要考虑地域的水质。因此，地域性原则在产品配方设计时亦必须给予足够的注意。

（5）原料易得性

一个产品最终应以走向市场为目标，因而其原料必须易得，且质量应稳定。

（二）配方设计的主要内容

配方设计必须在充分考虑设计原则的基础上进行，设计的内容通常包括产品性能指标设计和配方原理及结构设计两部分。

（1）产品性能指标（含剂型）设计

精细化工配方产品，向用户提供的主要是产品的性能，因而性能设计是否具有实用性、科学性、先进性，往往是产品能否被用户接受，能否占领市场的关键。产品性能指标的设计，就是在充分了解市场现实要求或潜在要求的基础上，把市场的要求及研究者的创意具体化为物理的、化学的指标及一些可具体考查的性能要求，作为产品开发的目标。

产品的性能指标常包括产品外观性能及使用性能两个方面。对于目前在产品开发中占相当比重的仿制型产品或赶超型产品而言，仿制或赶超目标产品的性能指标即为开发产品的目标或参考目标。此时，可通过查找相关产品的标准（企业标准或国标、部标）及产品使用说明书，并以此为借鉴，确定产品应达到的性能指标要求。

对于新产品，包括在原有产品性能基础上赋予新性能的产品，其产品的性能设计则必须在兼顾同类产品必须具有的基本性能的基础上，对欲赋予的新性能提出明确的、可具体衡量或检测的指标要求。以一种可通过颜色变化提示用户加药的水处理药剂为例，作为水处理剂必须对水中存在的主要细菌、真菌、藻类具有强力的杀灭和控制作用，且还应具有对设备的防腐缓蚀性能。这是对冷却水处理剂的基本要求，而变色指示加药，则是新性能。作为性能指标设计，应包含上述两个方面。

对于专门为某种产品的生产或应用过程的特定要求而开发的产品，其性能则只能根据具体情况进行设计。产品的性能设计是要在透彻了解应用对象、应用条件的基础上进行的。

（2）配方原理及结构设计

配方产品性能由配方决定，因而配方原理及结构，就成为新产品开发中的技术关键。

配方原理及结构设计，应在掌握有关基本知识、理论、经验、发展动向、市场需求的基础上进行，它应能体现设计原则并保证性能目标的实现。

不同类别的产品，其配方原理不同；即使同一类但性能不同的产品，其配方原理也有很大差异。有些产品的配方原理与化学反应有关，有些配方原理则与化学反应无关。配方原理的千差万别，构成了配方产品性能上的差异。

例如洗涤剂类配方，其产品的配方原理是基于表面活性剂可以降低表面张力，从而产生润湿、渗透、乳化、分散、增溶等多种作用，将衣物上的污垢脱落并分散于溶液中，通过漂洗而达到去污效果。但有去污作用的物质，除表面活性剂外，常用的还有无机碱，其去污原理是碱与油污之间的皂化作用。此外，酶对污垢有分解作用，从而产生强的去污力。而酶的品种不同，其去污原理也不同。脂肪酶通过生化反应将油脂类污垢分解，蛋白酶可将蛋白质分解为水溶性的低分子氨基酸或肽，淀粉酶可将淀粉转化为糊精。所以在进行配方原理设计时，应根据产品的目标性能要求，确定去污原理，选用不同的物质作配方的主成分，或将不同类的物质复配。

例如杀菌洗涤剂，配方原理设计除考虑去污功能外还要考虑杀菌功能；若是漂白洗涤剂则除考虑去污功能外，尚需考虑其漂白功能。总之，不同产品性能的差异，要通过原理设计上的差异来体现。根据原理设计而选择主成分物质时，通常要多选几种主成分或其组合进行实验，并通过性能测试比较其性能，然后确定1～2个（或复合）主成分，再围绕主成分按性能指标要求进行配方结构设计。

对于配方原理涉及化学反应的配方，通常是根据化学反应式，以有关反应物质的量关系为参考，拟定几个不同的配比，作为原理性配方实验方案，并以目标性能指标为判断标准，对实验结果进行评价，最终确定原理性配方的主成分及比例，然后再按目标性能要求，按功能互补的原则等进行配方结构设计。

配方结构的设计，是为了弥补主成分性能及使用性能的不足，或增加目标要求所需的功能。以洗涤剂为例，按原理设计确定的主成分，使产品具有去污功能，但为了加强洗涤效果、充分发挥主成分的作用、降低成本等，通常还必须加入各种助剂。在配方结构中，除主成分外，可考虑加入的助剂有：碱性助剂、酸性助剂，降低表面活性剂溶液的表面张力助剂，降低胶束临界浓度、增强分散溶液中污垢能力的助剂，防止被分散的污垢再附着的助剂，有软化硬水作用的助剂，以及对金属离子有封闭作用的助剂等（如配方中有酶，则必须有酶稳定剂）。配方结构由配方原理及产品性能决定。在配方结构设计时应充分发挥主剂和助剂以及助剂之间的协同效果。

四、配方的实验室小试实验研究

配方的主成分的初步确定，辅助物质的品种、用量、质量规格，以及工艺路线、工艺条件、应用技术的确定，均需要通过实验。配方的实验室研究过程，是对实验设计方案的修正、优化。也就是对组分的筛选、组分的配比及配制工艺等的研究过程。此过程以配方结构设计为基础。可固定配方的其他条件，只改变其中一个条件进行实验，如此逐一对各条件进行实验，并将不同条件下获得的配方产品进行性能测试，通过性能对比，找出较好组分、较好配比和较好的工艺。但因为此结果是在固定其他因素下取得的，故当几个因素同时改变时，很难说明上述结果一定为最好，因此在配方的实验室研究中，在按上述方法取得了较好的结果后，常以上述结果组成的配方为基础，再用优选法进行配方优化设计，以产品的性能为目标，通过优选实验及数据处理，确定哪些组分为影响产品性能的主要因素，哪些因素间有相互作用，最后再确定最佳配比和工艺条件，通过实验验证后，实验工作即告完成。

（一）配方小试实验的主要内容

（1）配方主成分物质的筛选

配方的主成分物质，在配方设计时虽然可以根据文献资料的介绍及市场调查等，在掌握其性能及原料来源、价格等基础上初步确定，但其最后确定，则必须通过实验筛选。这是因为：

① 为达到设计性能目标，可作为主成分的物质不止一种，文献在肯定某种物质的功效时，可能由于作者知识面或工作条件的限制，不一定对所有可作主成分的物质作充分的对比，故文献作者认为最好的东西未必为最好；

② 由于原料的来源不同或由于应用对象和使用条件的不同，在此地为最好的主成分，在彼地不一定为最好；

③ 由于保密的原因，在文献尤其是配方资料中，关于主成分物质的介绍，有时只具体到是何种（类）物质，此时需取不同的具体物质作对比实验，才能确定具体化合物的品种。基于上述原因，成分物质的筛选和确定，成为配方筛选的首要内容。由于主成分不同，其他辅助物质亦会随之改变，因而主成分的筛选实验亦常安排在配方设计阶段进行，即通过探索实验去比较不同的主成分物质的性能，再确定选择何种物质为主成分，然后围绕此物质去设计配方，选择辅助成分。

（2）配方辅助物质的筛选

辅助成分在配方中的作用，是提高产品的性能和使产品具有合适的剂型。如果说文献和专利在产品配方上留有一手的话，那么这种现象发生在辅助物质身上的机会比出现在主成分物质身上的机会要大得多。因为后者的保留，非亲自进行实验仿制的人是难以发现的。因此，在配方实验中当发现产品的性能，特别是使用性能出现问题时，应着力于辅助物质的研究。其工作内容主要有几个方面。

① 对可起同样作用的辅助物质的不同品种进行对比实验，以确定何种物质最适宜。

② 从经验和原理上分析，配方中是否有意隐瞒某一类有重要作用的物质。如水处理剂专利、文献可能其中缺少增溶成分，若按其配方配制产品，不会达到产品要求的水平。根据

经验和理论分析，添加不同增溶组分进行筛选，就可能解决问题。

③ 寻找与主成分有相乘作用的配伍物质。效果卓著的配方，通常组分间有相乘效果。详细的文献资料或专利，通常对配方组分的增效搭配有详细介绍，但新开发的产品或一般配方集中引用的配方，物质间有无相乘作用，就需在掌握增效机理或前人经验的基础上，对配方各物质进行分析，然后收集可能产生增效作用的物质进行不同浓度搭配及对比实验。

（二）组分配比的确定

在对配方组分进行逐个选择时，经常是从由资料获得或初步设计的原始配方出发，先改变其中某一因素，固定其他条件，对此因素采用不同物质进行实验。在此同时，如对参与筛选的每一物质都安排不同用量进行实验的话，那么在比较出何种物质对性能有良好影响的同时，物质不同用量的比较结果亦可同时得出。将已选好的因素及用量代入原始配方中，固定其他因素，再改变另一因素，并同时安排不同用量进行实验。如此反复实验即可确定物质的配比。但这样得出的结果往往不是最佳配比。因为原先固定的因素，在最后的配方中均发生了变化，即在进行选择实验时，各物质的配比与最终物质配伍时的各物质的用量关系不是一回事。因此，在筛选并确定主辅成分各物质及初步选择其用量后，最好还是用优选法去确定各物质的用量。通过优选法实验，可以确定何种物质对性能影响最大，何种物质影响最小，哪些物质间有相互影响。在各物质均取多个不同用量进行实验时，采用优选法可得知哪几个用量搭配效果最好。对影响不大的物质，可以取最小用量。这样，既能保证性能，又可降低成本。

（三）配方工艺的确定

配方的组分、配比、剂型确定后，还要进行实验室配制实验，确定配方的配制工艺。若配方工艺不当，会造成组分间分层，出现沉淀或药剂组分间的物理变化、化学变化和生物活性变化，影响产品性能。通过实验确定配方各组分最佳的搭配方法，发挥其有效成分与辅助成分的配伍作用，使配方达到最佳性能，是配方工艺实验研究的目的。

工艺实验的内容主要有：①各组分加料顺序的确定；②混合工艺条件，包括加料速度、温度、混合速度和方式等的确定。

理解组分性能及有关的物理化学基本理论，对完成产品工艺的研究是至关重要的。配方工艺与配方原料的性质是密切相关的，进行工艺设计与实验时，必须在充分考虑原料性质的基础上进行。下面介绍几个产品生产工艺操作注意事项，由此可进一步了解工艺方法的不同，将对产品质量和性能产生重大的影响。

例如液体洗涤剂是各种原料在一定的工艺条件下，经过配方加工制成的一种复杂混合物。当采用表面活性剂 AES（脂肪醇聚氧乙烯醚硫酸钠）等为原料，配制液体洗涤剂时必须注意：①只能把 AES 慢慢加进水中，而决不能直接加水溶解 AES，否则可能形成一种黏度极大的凝胶；②AES 在高温下很容易水解，因此整个操作过程的温度应控制在 40℃左右，最高不超过 60℃；③对于含有 AES 的配方来说，若总的活性物浓度超过 28％，则应先将其余表面活性剂、氯化钠及增溶剂加入 40℃水中，搅拌到物料完全溶解后再加入 AES。

又如配制中档的聚醋酸乙烯（PVA）乳胶内墙涂料时，关键是向 PVA 水溶液加水玻璃时的工艺条件。若速度过快或搅拌太弱，或温度高于 70℃时，均会生成絮状胶团，无黏性。有时即使制成了涂料，放几天后也会发生凝胶化。此外，在按严格操作要求配成涂料后，也不可掺入冷水或温水，否则会影响涂料的结构和性能。

再如锅炉水除氧剂是一种淡黄色粉末，由除氧剂、缓蚀剂、活化剂和稳定剂等多组分复合而成。其配制工艺也要通过实验确定。复配时各组分的投加顺序有严格规定，一定要把稳定剂先于活化剂加入到除氧剂中并混合均匀，如果加入顺序不对，即把活化剂先于稳定剂加入的话，除氧剂就会被空气中的氧过早氧化，使药剂的除氧效果变差。

（四）原材料质量规格的确定

精细化工配方产品都是由多种物质复配而成的。原料的质量规格，对保证产品质量与性能有十分重要的意义。

原材料的质量，通常可从产品的纯度、牌号、生产厂三方面去把握。对于许多通过聚合、缩合反应制得的产品而言，牌号不同，其聚合度就不同，分子质量也不同。甚至平均分子质量相同的聚合物，因分子质量分布不同，性质也有差别。对粉状产品而言，产品的颗粒形状、颗粒度不同，其性能、用途有很大差异。对于由天然物提取的物质而言，产地不同，则成分不同，而这些差异都对原材料的性能产生影响。此外，同种原料，可由不同的工艺路线制得。不同生产厂由于采用不同工艺路线，或即使采用同一工艺路线，但因原料来源不同、生产水平不同，往往名称相同的原料，其性能亦会因生产不同而有差异。因此在有些情况下，在确定原材料的质量规格时，还须指定应采用何单位生产的产品。

在通过小试确定原材料时，为了减少杂质对配方性能的干扰，通常都采用试剂（化学纯、分析纯）为原料。由于纯试剂杂质少，故在固定工艺、配比的条件下进行实验时，实验结果能本质地体现出不同原料对产品性能的影响；从而对原料品种或牌号做出选择。通常在确定了品种或牌号后，再逐一改用工业原料。当实验表明工业原料对配方产品质量影响很小时，即可以直接采用。有些工业原料所含的杂质会影响配方产品的质量，此时若经过适当的提纯或处理后，质量可符合要求，而经处理后成本仍低于纯试剂时，就应确定处理工艺和质量标准，将工业原料处理后使用。在保证产品性能的前提下，尽量使用价廉的工业原料，是降低成本的重要环节。而按产品的性能要求来确定原料规格，是最重要的原则。

以化妆品为例，化妆品质量的好坏，除了受配方、加工技术及加工设备条件影响外，主要决定于所采用的原材料的质量。原料的质量常直接影响产品的色泽、香味及产品的档次。某些杂质的存在甚至会引起皮肤过敏等不良反应。因而化妆品常需采用化妆品级的原料，并要按产品档次不同去选择原料的来源、等级等。比如配制香水时，原料因产品档次不同而异。高级香水里的香精多选用来自天然花、果的芳香油及动物香料配制，所得产品花香、果香和动物香浑然一体，气味高雅、怡人，且有留香持久的特点。低档香水所用香精多用人造香料配制，香气稍俗，且留香时间也短。

在确定产品的原料规格时，产品牌号及原料颗粒形状、大小等的选择都是不能忽视的。许多不同牌号的产品，性能有很大差异。比如，聚乙二醇是平均相对分子质量约 $200 \sim 20000$ 的乙二醇聚合物的总称，相对分子质量不同，对应的牌号不同，性质也不同。相对分子质量低的 PEG 200、PEG 400、PEG 600 吸湿性较强，常用作保湿剂，还用作增溶剂、软化剂、润滑剂。相对分子质量较高的 PEG 1540 常用作柔软剂、润滑剂及黏度调节剂等。此外，许多无机物、粉状精细化工产品及原料，其结晶形状或颗粒的形状大小对性能均有较大的影响，颜料、填料、医药、农药、聚合物粉末、粉末涂料、精细化工的粉体产品、高级磨料、固体润滑材料、高级电瓷材料、化妆品、粉末状食品等，除对原料纯度要求不同外，对颗粒的细度、形状等都有不同的要求。有的要求颗粒极细，平均粒径仅数微米，甚至在 $1\mu m$ 以下；有的要求粒度分布狭窄，产品中过大、过细的颗粒含量极低，甚至不允许含有；有的要求颗粒外表光滑，没有棱角、凸起或凹陷；有的要求颗粒形状应接近球形；有的则要求为圆柱形或纺锤形、针形或其他规整形状等。颗粒形状不同、粒径不同，性能差异悬殊。比如二氧化钛（钛白粉）就有三种结晶形态，即金红石型、锐钛型和板钛型。作为颜料，常用前两种。金红石型的光亮度、着色力、遮盖力、抗粉化性能比后者强，后者白度和分散性好。故作外墙涂料时，应用耐候性好的金红石型，锐钛型只能用于内墙涂料。又如作为聚合物制品的填料时，一般认为，球状、立方体状的填料可提高聚合物的加工性，但力学强度差；而鳞片状、纤维状的填料，其作用则相反。再如，同属超微粒体的二氧化钛，当粒径在 $0.15 \sim 0.25 \mu m$ 时，颜料性能很好，尤其是遮盖力大，完全不透明，但当粉碎至 $0.015 \sim 0.025 \mu m$ 时，则变成没有遮盖力的透明体。碳酸钙和氧化铁、炭黑等也有类似情况。当碳酸钙的颗粒范围（以 μm 为单位，下同）>5 时，适合作增量剂；≥1 而≤5 时可作半补强剂、增量剂；≥0.1 而<1 时，适宜作半补强剂；≥0.022 而<0.1 时，适宜作补强剂；<0.02 时，为具有透明或半透明性质的补强剂。炭黑粒子表面积为 $50000 cm^2/cm^3$ 时，无增强效果，当大于 $50000 cm^2/cm^3$ 时，就有增强效果。

由以上可见，当使用的原料有不同的颗粒形状和规格时，对其颗粒度及颗粒形状对产品是否有影响，必须通过实验确定。

五、配方小试实验的评价

配方的实验室研究过程中，产品的性能评定始终是评价产品好坏的唯一标准，因而确定一个行之有效的实验评价方法，是进行配方实验研究的先决条件。

精细化工产品品种繁多、性能各异，因而实验评定的方法也是千差万别、各不相同的。但对于大多数老产品，其性能测定往往已有成熟的方法，有的甚至已用国家标准（或部级、行业、企业标准等）的形式规定下来。但对于新兴行业及其新产品，则可能无标准可依，此时就需要研究人员自行设计有效的评价方法。

（1）各种"标准"规定的评定方法

对在"标准"中规定了测定方法的产品，其性能测试必须按"标准"的规定进行。这种"标准"的实验测定方法，可以查阅已公布的国家级或部级或行业、企业标准。

（2）自行设计的评定方法

对在现有产品标准中找不到相应的性能评定方法的产品，则需要研究者在掌握有关基本知识及理论的基础上，以类似产品的评价方法为借鉴，自行设计可行的有效的实验室产品评定方法。

六、配方产品中试实验

由于配方产品的小试是在实验室进行，因受实验条件的限制，小试结果与实际生产和应用要求之间可能会有相当大的距离，故在投产和生产应用前需通过模拟实验进一步检验实验室研究成果的实用性和工艺的合理性，探索使用条件和使用方法，对产品走向实际应用的可能性作进一步的实验。所谓模拟实验，是模拟实际生产应用环境及操作工艺，对配方进行更进一步的考察。通常根据模拟实验结果，推荐 1～2 个方案作生产性实验。模拟实验的方法，根据产品应用领域的不同而截然不同。有的产品，可以在实验室的模拟装置上进行。有的则需借助工厂设备进行，有些生产工艺简单或认为配方的性能有保证的产品，也可不进行模拟实验而直接进行生产规模实验。模拟实验包括产品生产工艺的模拟及应用条件的模拟两个方面。

涉及合成反应的产品、混合过程设备与小试差别较大的产品，以及因规模放大导致混合过程的传质、传热条件变化而对产品质量影响较大的产品，在规模生产前，常需进行模拟实验，以便进一步确定生产工艺操作条件，为生产提供依据，或为生产设备的选型及生产工艺设计提供数据。

又如涂料类、黏合剂类配方产品，常涉及脲醛树脂、酚醛树脂等的制备。通常，在实验室小试确定了合成工艺条件及配方后，还要进一步在扩大的实验装置（反应锅）中进行合成反应，考查反应组分配比、加料速度、加热温度、反应时间、反应物加入顺序等，探索合成反应的最佳配比和工艺条件，为工业生产提供依据。

产品性能的模拟应用实验，主要是与提供工（农）业用途的配方产品有关。由于这些产品须在特定条件下使用，或添加于产品中，或用于处理产品，或用于某一操作系统，故其性能、用量、使用方法等常需通过模拟实验作进一步验证后才能生产应用，以避免使用不当或配方不完善造成经济损失及不良的社会影响。

七、配方产品现场应用实验

这是对配方产品最后的、也是最关键的检验。对用户来说，应用实验的结果是决定其是否采用该产品的关键。所以，配方研究中，一定要在有足够把握时，才到用户单位进行应用实验。实验过程中，研究人员一定要深入实际，掌握第一手材料，并能通过修改配方或改进生产应用条件等，及时解决生产实际中出现的各种问题，使配方的应用实验顺利进行。生产应用实验的最终目的是验证、确定配方，确定使用条件和使用方法，以优良的应用效果、可靠的实验数据和良好的服务，使用户接受实验的产品。由于应用实验是在现场进行，因而事先应与用户共商实验计划，取得用户及现场生产操作人员的密切配合，只有在严格的生产管理下，才能做到对实验过程严格操作和严密监控，才能获得可靠的数据。否则再好的配方产品，也不能发挥其作用，也就无经济和社会效益可言。

产品的应用实验，因产品不同而方法各异，但都包括实际应用和检测两个方面，而且，通常都应以同类产品作对照。比如，一个由 TF 树脂、多聚甲醛、填充物组成的三合板胶黏剂，其应用实验首先是按胶黏剂特性及由三合板生产流程确定的条件，进行三合板的生产实验，再令制得的三合板通过 112 个周期（以 80℃水 3h，80℃空气 3h 为一个周期）的湿热实验。若经历 112 个周期后，性能测试证明，胶黏剂确具有良好黏合性能和稳定性，即表明此胶黏剂符合三合板胶黏剂应具有的耐高温、高湿度、耐老化等性能要求，同时具有一定的黏合强度，即可推向三合板胶黏剂市场。又如由高聚物、增黏树脂、增塑剂、防老剂、减黏剂和溶剂组成的某黏虫胶配方，经实验室筛选出复合配方后，须直接到田间现场进行应用实验，检验该配方的黏虫胶的黏虫效果。

八、产品质量标准的制定

配方研究完成后得到了精细化工新产品，为了控制和保证产品质量，需要制定产品质量标准。

产品的标准是对产品结构、规格、质量和检验方法所作的技术规定。它是一定时期和一定范围内具有约束力的产品技术准则，是产品生产、质量检验、选购、验收、使用、保管和贸易洽谈的依据。产品标准内容主要包括：产品品种、规格和主要成分；产品的主要性能；产品的适用范围；产品的实验、检验方法和验收规则；产品的包装储存和运输等方面的要求。

对于已有国家标准或行业标准的产品，可直接执行国家标准或行业标准。企业亦可制定高于国标的企业标准，以确保产品质量安全可靠。此外，在编写企业标准时，若涉及的操作方法或测定方法已有国家标准作了规定的，应引用国家标准。

九、产品的车间规模生产

配方型精细化工产品，在经过一段推广应用时期打开市场之后，扩大生产规模就提到了议事日程。由于精细化工产品品种不同，生产过程的繁、简、难、易程度亦有很大差异，因而在扩大生产时面临的问题亦不同。但要实现规模生产，以下几个有关政策及技术方面的问题则是必须注意的。

（1）"三废"处理的方案确定

实验室进行配方研究及产品试制时，都是间歇式的小量生产。配制过程产生的废水、废渣、废气（以下简称"三废"）量很少；"三废"污染不严重，因而不为人们注意。但当进入车间规模生产时，随着产品生产量的增加，"三废"量亦随之增加，其治理也就成了不容忽视的问题。根据我国有关规定，产品投产前，必须向有关环保部门提交"三废"治理方案，经环保部门审查通过后，生产车间方能投产。"三废"治理方案的内容，应包括生产的基本原理、基本流程、"三废"的主要内容及来源、"三废"量估算、"三废"治理方法及治理效果等。

（2）设备的选型

精细化工配方产品在由小试扩大至生产规模时，都要进行设备的选型。对于一些由液体混合而成的产品，设备可选用一般常用于合成反应的反应釜，只需根据原料性质、生产规模、过程是否需加热或冷却、何种材质及何种形式搅拌桨最为合适等进行设备选型即可。但对于固-固、固-液混合，其过程又涉及粉碎、干燥、研磨、煅烧、捏合、成型或高分子混合加工，涉及混炼、塑炼；液-液混合涉及乳化时，设备选型就变得复杂得多。设备的选型必须充分考虑加工物料及设备的特性，对产品质量、工艺操作以及生产效率的影响等，且常需通过实验才能得到结论。

（3）生产工艺及操作规程的确定

在实验室进行产品配方研究时，对配方配制工艺作了实验研究，确定了产品小试配制工艺。通过模拟实验，对小试工艺又作了验证及必要的修正。但由于生产时采用的设备和规模不同，实验选出的最佳工艺条件，在生产时不一定就是最佳条件。因此必须将实验确定的配制工艺在大的生产装备中进行实验。通常可在实验确定的最优工艺条件的基础上，在一定的范围内，设定两三个方案，按不同方案的工艺条件，在生产设备上进行产品的生产。然后进行产品性能测定，通过比较选择最好的方案，并确定生产操作时各工艺条件允许的操作误差，为操作规程的确定提供依据。

为了保证产品质量，正确的生产操作是至关重要的。由于操作者的专业水平通常都不高，故每种产品的生产都应制定详细的工艺操作规程，由技术负责人签署后下达，并对操作工进行技术培训。

工艺操作规程必须详细规定原料添加顺序，添加量，添加速度，添加时的条件，是否需要搅拌、保温、冷却或放置，如何确定某一步操作是否完成，如何采样，何时进行中间控制检测，如何出料，如何包装等。操作规程的条文，必须具体、明确，操作性应非常强，每点规定应以规范一步操作为宜。一个好的操作规程，应做到即使对化工了解不多的人，只要严格按规定操作，也能做出合格的产品。

（4）建立原料及产品质量检测制度

配方研究时，已确定了配方的原材料质量规格，一般来说原材料质量规格的要求不会随生产规模的变化而改变。故在扩大生产规模时，若在小试阶段已对原料质量和规格作了足够的研究的话，那么直接采用小试的结果即可。但亦有因设备材质与小试不同，对原料中的杂质要求不同，或因操作条件不同，对原料要求不同的情况，对此亦需注意。为保证产品质量，正规批量生产时，应建立原料质量检查制度，把好原料进货时的质量关，坚持原料先取样分析后投产的制度。对不符合要求的原料应不准进入生产过程。原料质量检查可采用随机抽样检查的方法取样，按产品相应的国家标准或生产企业提供的企业标准进行检测。

成品的质量检测，是保证产品质量的最重要的、也是最后的一关，必须建立产品出厂前取样检查，合格产品需凭合格证出厂的制度。产品的检测，应严格按照产品质量标准指定的项目和方法进行。

精细化学品开发过程见图 1-2。

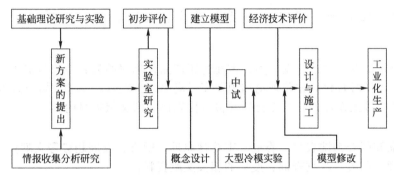

图 1-2　精细化学品开发过程的一般步骤示意图

【思考题】

1. 简述精细化工的范畴、特点和生产特性。

2. 精细化工、精细化学品及其分类方法有哪些？

3. 简述精细化学品与专用化学品的区别。

4. 简述精细化学品生产常用的特殊技术及通用技术。

5. 简述精细化学品复配技术。

6. 简述精细化学品剂型技术。

7. 简述精细化工的发展趋势。

8. 简要描述精细化学品开发生产过程。

9. 文献资料调查的基本方法有哪些？

10. 简述配方设计的主要依据。

11. 简述配方设计的主要内容。

12. 简述配方小试实验的主要内容。

项目二　日化产品应用配方与制备

教学情境一
日化产品应用配方与制备方案构思

任务一　皂类产品资料查询、整理、归类与吸收

【任务介绍】

　　某日化公司研发部正在开发皂类、雪花膏新产品，见习的数名高职学院毕业生，在项目主管的指导下，学习日化品相关理论知识及完成皂类、雪花膏产品开发资料查询、搜集、整理、归类、吸收等工作任务，并提交研发报告构思部分的文献资料内容。

【任务分析】

　　1. 能登陆知网查询洗衣皂、香皂、雪花膏原理、配方、发展趋势等文献；

　　2. 能整理、归类、吸收查询、搜集的相关文献资料；

　　3. 知晓日用化学品的范畴、洗涤用品及化妆品特点、发展概况；

　　4. 熟知洗涤剂的去污原理、配方组成，能构思配方原理设计；

　　5. 熟知表面活性剂特征与种类，能构思配方主体结构设计；

　　6. 熟知洗涤剂中的洗涤助剂种类及作用，能构思配方优化设计；

　　7. 熟知洗涤剂中表面活性剂的选择与复配原则，能构思配方增效设计；

　　8. 能撰写皂类、雪花膏产品研发报告构思的文献资料内容部分。

【任务实施】

主要任务	完 成 要 求	地　点	备注
1. 查阅资料	1. 能登陆知网查询洗衣皂、香皂、雪花膏原理、配方、发展趋势等文献； 2. 能整理、归类、吸收查询、搜集的相关文献资料	构思设计室	
2. 总结日用化学品的特性、原理、种类、作用、原则	1. 熟知洗涤剂的去污原理、配方组成； 2. 熟知表面活性剂的特征与种类； 3. 熟知洗涤剂中洗涤助剂的种类及作用； 4. 熟知洗涤剂中表面活性剂的选择与复配原则	构思设计室	
3. 配方构思	1. 熟知洗涤剂的去污原理、配方组成，能构思配方原理设计； 2. 熟知表面活性剂特征与种类，能构思配方主体结构设计； 3. 熟知洗涤剂中洗涤助剂的种类及作用，能构思配方优化设计； 4. 熟知洗涤剂中表面活性剂的选择与复配原则，能构思配方增效设计	构思设计室	
4. 企业调查、参观	1. 香精、香料生产厂、日化生产厂； 2. 香精、香料、日化营销企业	相关企业、公司	

【任务评价】

主　要　任　务	完　成　要　求	分值	得分
1. 查阅资料	1. 能登陆知网查询洗衣皂、香皂、雪花膏原理、配方、发展趋势等文献； 2. 能整理、归类、吸收查询、搜集的相关文献资料	20	
2. 总结日用化学品的特性、原理、种类、作用、原则	1. 熟知洗涤剂的去污原理、配方组成； 2. 熟知表面活性剂的特征与种类； 3. 熟知洗涤剂中洗涤助剂的种类及作用； 4. 熟知洗涤剂中表面活性剂的选择与复配原则	20	
3. 配方构思	1. 熟知洗涤剂的去污原理、配方组成，能构思配方原理设计； 2. 熟知表面活性剂特征与种类，能构思配方主体结构设计； 3. 熟知洗涤剂中的洗涤助剂种类及作用，能构思配方优化设计； 4. 熟知洗涤剂中表面活性剂的选择与复配原则，能构思配方增效设计	30	
4. 企业调查、参观	1. 香精、香料生产厂、日化生产厂； 2. 香精、香料、日化营销企业	10	
5. 学习、调查报告	1. 能撰写皂类、雪花膏配方产品研发报告的分类、用途、原理、现状及发展趋势部分； 2. 能撰写皂类、雪花膏产品研发报告构思的文献资料内容部分	20	

【相关知识】

一、日用化学品的范畴及特点

　　日用化学品是指人们日常生活中所使用的精细化学品，是精细化学品的重要门类。其种类繁多，主要包括洗涤用品、化妆品、牙膏、香精、香料等。

　　日用化学品与人们的衣、食、住、行息息相关，它具有以下几个特点：

　　① 它是大众化的产品，是广为消费者使用的；

　　② 许多产品与人体直接接触，产品的安全性显得日益重要；

　　③ 随着人们生活水平的不断提高，市场接受新产品的周期日益缩短；

　　④ 对生态环境的影响越来越引起广泛关注。

　　洗涤用品和化妆品是日用化学品最重要的两大类产品，占据着日用化学品市场的巨大份额。洗涤用品是人们日常生活中不可或缺的日用产品，洗涤的作用除了提高去污能力外，还能赋予其他功能。如织物的柔软性、金属的防锈、玻璃表面防止吸附尘埃等；随着人们生活水平日益提高，化妆品几乎成为人们不可缺少的生活用品，而且化妆品的品种丰富、各有特色，它的作用大致有清洁作用、保护作用、美化作用、营养作用、治疗作用等。

二、日用化学品的发展概况

（1）洗涤用品

洗涤用品是人们日常生活中不可或缺的日用产品。肥皂是最早的洗涤剂，但肥皂有抗硬水性差、对溶液的酸度较为敏感的缺陷，第二次世界大战以来，合成洗涤剂大量进入肥皂市场。

我国皂类与合成洗涤剂工业经过近几十年的发展，已经形成规模，在市场竞争中逐步发展壮大，产品不断更新换代，品种、产量不断增加，品质也有了明显的提高，但与发达国家相比仍存在一定的差距，如生产集中度相对分散，人均洗涤用品占有量和生产技术水平都较低。

随着人们生活水平的不断提高，人们对洗涤用品的需求也日益多样化。当今全球洗涤剂市场竞争激烈，液体洗涤剂发展迅猛，但洗衣粉和皂类仍是目前世界各国应用最为普及的洗涤用品。目前，合成洗涤剂和皂类将继续向高效、温和、节水、环保、节能与使用方便的方向发展。

① 开发新型表面活性剂，以多种表面活性剂配方代替单一表面活性剂配方。如非离子表面活性剂与离子表面活性剂复配能产生协同效应，可提高去污力并控制泡沫；肥皂与合成表面活性剂复配的洗涤用品，其去污力与抗硬水性等均优于肥皂。

② 开发新酶、复合酶，增加酶的新作用。酶被认为是用于清除污斑的组分，现代洗涤用酶已从单一型向混合型发展，包括脂肪酶、蛋白酶、纤维素酶和淀粉酶。目前，如开发漂白系统用酶、低温用氧化还原酶，使酶制剂的应用与节水、节能和低温洗涤的发展趋势相一致。

③ 适应环境保护的要求，改善水体富营养化问题。洗衣粉中的助剂磷酸盐类已经使用了数十年，使水富营养化而导致藻类大量繁殖污染水源。为此，洗涤剂的配方将向低磷型和无磷型发展，在未来几年，限磷、禁磷仍将继续下去。

④ 开发具有多种外观形态的新剂型。如片剂型洗涤剂，体积小、易携带、剂量准、使用方便。

（2）化妆品

人类使用化妆品已有几千年的历史，近年来人们对化妆品的需求日益多样化，促使我国化妆品行业产品的种类和功能更加多样化，产品结构有了新的调整，且出现许多新的理论和新的生产工艺技术，如微乳液技术、凝胶技术、气雾剂技术等。使产品的质量显著提高，附加值加大，档次提升。

① 开发新型、高效和安全的防晒原料。紫外线照射是使皮肤衰老的重要因素之一，强烈的紫外线照射会加速皮肤老化，损害人的免疫系统，导致各种皮肤病甚至产生皮肤癌。为了防止紫外线对皮肤的伤害，开发新型、高效和安全的防晒原料，如抗 UVA 和 UVB 防晒剂的复合使用；天然活性物质与纳米 TiO_2 和 ZnO 替代目前的化学防晒剂；吸收剂与散射剂的配合应用等。

② 开发生物技术制剂。生物技术对化妆品的发展起了极大的促进作用，以分子生物学为基础筛选化妆品原料、设计新型配方；利用仿生的方法设计和制造生物制剂，延缓或抑制引起衰老的生化过程。如利用大肠杆菌、酵母菌、动物细胞、植物细胞等来生产高效物质作为化妆品的原料。

③ 开发天然化妆品。人类几千年前已经使用黄瓜水、丝瓜汁等搽肤、搽脸，用红花抹腮、指甲花染发等。当今，人工合成化学品比提取天然品更容易，然而人工合成化学品毒性、安全性问题已引起人们的关注，"回归自然"的化妆品工业经历了由天然向合成品，又从合成品向天然物的二次转变。采用先进的抽提、分离、提纯和改性技术，获得天然物的有效成分，利用调制技术使天然物与化妆品其他原料合理配用，已使当代的天然化妆品具有较

好的稳定性、安全性、营养性和疗效性。

三、洗涤剂的去污原理

污垢是指被洗涤对象表面上需除去的表面黏附物以及不需要的杂质。因此清除污垢既要去除污垢，又要尽量避免损伤表面。

污垢的去除主要包括化学作用和物理作用，如溶剂对污垢起溶解和分散作用；表面活性剂的表面活性作用；酸、碱、氧化剂等药品的化学反应作用；吸附剂活性白土、淀粉等吸附作用；酶的分解作用；施加适当的搅拌、加热等物理作用。

当被洗物、污垢和洗涤剂构成去污体系，洗涤过程一般可简化成：

$$F \cdot S + D \longrightarrow F + S \cdot D$$

其中，F 代表被洗物；S 代表污垢；D 代表洗涤剂，一般是水或水加洗涤剂的溶液以及溶剂等。它的作用是将洗涤剂传送到被洗物和污垢的界面，再将脱落下来的污垢分散和悬浮起来，随洗涤污水离开被洗物而达到洗涤去污的目的。

以链脂肪酸钠盐表面活性剂为例，其结构上一端羧酸离子具有极性，是亲水的；另一端是链状的烃基，非极性的，是憎水的。

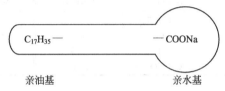

$$C_{17}H_{35}— \qquad —COONa$$

亲油基　　　　　　　　　　亲水基

表面活性剂亲水基团倾向于进入水分子中，而憎水的烃基则被排斥在水的外面，排列在水表面的表面活性剂分子削弱了水表面上水分子之间的引力，降低水的表面张力。若表面活性剂分子在水溶液中，则其长链憎水的烃基依靠相互间的范德华引力聚集在一起，似球状。而在球状物的表面为亲水基团所占据，与水相连接形成胶囊。胶囊外面带有相同的电荷，彼此排斥，使胶囊保持着稳定的分散状态。如果遇到织物上的油迹，胶囊的烃基部分即插入油中，羧酸离子部分伸在油的外面而融入水中，这样油就被表面活性剂分子包围起来，降低水的表面张力，使油渍较易被润湿，在受到机械摩擦时，脱离附着物，分散成细小的乳浊液，随水漂洗而去。

四、洗涤剂的配方组成

洗涤剂是指以去污为目的而设计的制品，是由多种原料复配而成的混合物，洗涤剂的优劣取决于所选原料的品种和质量。洗涤剂品种的各种功能要求，使洗涤剂所选用的原料繁多。这些原料可以分两大类。一类是主要原料，它们是具有洗涤作用的各种表面活性剂；表面活性剂不但能明显地降低表面张力，而且也能明显地降低界面张力。此外，它具有润湿或反润湿、乳化或破乳、起泡或消泡以及增溶、分散等一系列作用。其根本原因是表面活性剂能改变体系的表面状态。另一类是辅助原料，有助剂、抗沉淀剂、酶、填充剂等，其作用是增强和提高洗涤剂的各种效能。它们在洗涤过程中发挥着助洗作用或赋予洗涤剂某种功能，如柔软、增白等的辅助原料，一般用量较少。

表面活性剂是各种洗涤剂的主要活性物，其种类繁多，结构复杂。通常根据其结构特征，分为阴离子表面活性剂、阳离子表面活性剂、两性表面活性剂和非离子表面活性剂。本节重点介绍洗涤剂中常用的表面活性剂及其特征。

（1）表面活性剂的特征

表面活性剂的种类繁多，结构复杂，但从分子结构的角度归纳起来，所有的表面活性剂都具有"双亲结构"和"亲油基团和亲水基团强度的相互平衡"两个特征。

① 表面活性剂分子中的"双亲结构"。任何一种表面活性剂，其分子都是由两种不同的基团组成的：一种是非极性的亲油（疏水）基团；另一种是极性的亲水（疏油）基团。这两种基团处于分子的两端面形成不对称的分子结构。这样，它既有亲油性又有亲水性，形成一种所谓的"双亲结构"。亲油和亲水基之间的结合可形成双亲结构的分子，但不一定都具有表面活性，只有亲水、亲油强度相当时，才可能是表面活性剂。

② 亲油基团和亲水基团强度的相互平衡。一个良好的表面活性剂，不但具有亲油及亲水基团，同时它们的亲水亲油强度必须匹配。亲油性太强，会完全进入油相；亲水性太强，会完全进入水相。只有具有适宜的亲油亲水性，才能聚集在油-水界面上定向排布，从而改变界面的性质。亲油基的强度除了受基团的种类、结构影响外，还受烃链的长短影响；亲水基的强度主要取决于其种类和数量。若亲油基是支链烷烃，则以 8～20 个碳原子为合适；若亲油基为烷烃基苯基，则以 8～16 个碳原子为合适；若亲油基为烷烃基萘基，则烷基数一般为两个，每个烷基碳原子数在 3 个以上。常见基团的 HLB 值参见表 2-1。

表 2-1　常见基团的 HLB 值

基团名称	HLB 值	基团名称	HLB 值	基团名称	HLB 值
—SO_4Na	38.7	—OH（自由）	1.9	—CH_3	0.475
—COOK	21.1	—O—	1.3	—CH_2—	0.475
—SO_3Na	11	—OH	0.5	—CF_3	0.87
—COOH	2.1	—(C_2H_4O)—	0.33	—CF_2—	0.87

（2）表面活性剂的种类

① 阴离子表面活性剂。阴离子表面活性剂溶于水中时，分子电离后亲水基为阴离子基团，如羧基、磺酸基、硫酸基，在分子结构中还可能存在酰胺基、酯键、醚键。疏水基主要是烷基和烷基苯，常见的阴离子表面活性剂的主要品种有羧酸盐、烷基硫酸酯盐、烷基磺酸盐等，为乳化剂、润湿剂、发泡剂、洗涤剂等使用。

② 阳离子表面活性剂。阳离子表面活性剂溶于水中时，分子电离后亲水基为阳离子。几乎所有的阳离子表面活性剂都是有机胺的衍生物。阳离子表面活性剂的去污力较差，甚至有负洗涤效果，一般主要用作杀菌剂、柔软剂、破乳剂、抗静电剂等。日化化学品中常用的阳离子表面活性剂有季铵盐、咪唑啉盐、吡啶卤化物等。

③ 两性离子表面活性剂。两性离子表面活性剂分子中既有正电荷的基团，又有负电荷的基团，带正电荷的基团常为含氮基团，带负电荷的基团是羧基或磺酸基。在水中电离后所带的电性与溶液的 pH 值有关，在等电点以下的 pH 值溶液中呈阳性，显示阳离子表面活性剂的作用，在等电点以上的 pH 值溶液中呈阴性，显示阴离子表面活性剂的作用。在等电点的 pH 值溶液中形成内盐，呈现非离子型，因此两性表面活性剂在任何 pH 值溶液中均可使用，与其他表面活性剂相容性好。耐硬水，发泡力强，无毒性，刺激性小，也是这类表面活性剂的特点。日化化学品中常用的两性表面活性剂有甜菜碱型、氨基酸型。前者主要用作清洗剂和起泡剂，后者主要用作杀菌剂和消毒剂。

④ 非离子表面活性剂。在溶液中不离解的表面活性剂称为非离子型表面活性剂。一般而言，非离子表面活性剂具有增溶、渗透、去污、乳化、保湿、增黏、起泡和稳定泡沫等作用。其中以乳化性能和去污性能最为重要。一种非离子表面活性剂适宜作为乳化剂还是作为去污剂等，决定于该非离子表面活性剂分子中亲水部分所占的份数。通常 HLB 在 3～7 时，可作为 W/O 型乳化剂；HLB 在 8～18 时，可作为 O/W 型乳化剂；HLB 在 12～16 时，可作

为去污剂。日化化学品中常用的非离子表面活性剂有聚氧乙烯醚类、烷醇酰胺型、多元醇型（如斯盘、吐温、烷基糖苷等），有增溶、洗涤、乳化、保湿、增黏、起泡和稳定泡沫等作用。

表面活性剂种类如表 2-2 所示。

表 2-2　表面活性剂的种类

类　别　通　式		名　称	主　要　用　途
离子型	阴离子型 $R—COONa$ $R—OSO_3Na$ $R—SO_3Na$ $R—OPO_3Na_2$	羧酸盐 硫酸酯盐 磺酸盐 磷酸酯盐	皂类洗涤剂、乳化剂 乳化剂、洗涤剂、润湿剂、发泡剂 洗涤剂、合成洗衣粉 洗涤剂、乳化剂、抗静电剂、抗蚀剂
	阳离子型 $RNH_2·HCl$ $\underset{R}{\overset{R}{}}NH·HCl$ $\underset{R}{\overset{R}{\underset{R}{}}}N·HCl$ $R—\overset{R}{\underset{R}{N^+}}—RCl$	伯胺盐 仲胺盐 叔胺盐 季铵盐	乳化剂、纤维助剂、分散剂、矿物浮选剂、抗静电剂、防锈剂等 杀菌剂、消毒剂、清洗剂、防霉剂、柔软剂和助染剂等
	两性型 $R—NHCH_2CH_2COOH$ $R—N^+(CH_3)_2CH_2COO^-$	氨基酸型 甜菜碱型	洗涤剂、杀菌剂及用于化妆品中 染色助剂、柔软剂和抗静电剂
非离子型	$R—O(C_2H_4O)_nH$ $R—COO(C_2H_4O)_nH$ $R—\bigcirc—O(C_2H_4O)_nH$ $\underset{R}{\overset{R}{}}N—(C_2H_4O)_nH$ $R—COOCH_2(CHOH)_3H$	脂肪醇聚氧乙烯醚 脂肪酸聚氧乙烯酯 烷基苯酚聚氧乙烯醚 聚氧乙烯烷基胺 多元醇型	液状洗涤剂及印染助剂 乳化剂、分散剂、纤维油剂和染色助剂 消泡剂、破乳剂、渗透剂等 染色助剂、纤维柔软剂、抗静电剂等 化妆品和纤维油剂

五、洗涤剂中的洗涤助剂

洗涤剂中添加助剂的作用，主要是帮助表面活性剂充分发挥活性作用，提高洗涤效果。助剂的选择、配比，必须与起主要作用的表面活性剂的性能相适应，通常情况下，选择适当的洗涤助剂可有效提高洗涤剂的洗涤效果。

（1）洗涤剂中各种助剂的主要作用

① 碱性助剂。例如碳酸钠是在洗涤剂中起增强碱性作用，三聚磷酸钠是在洗涤剂中起弱碱性的作用。这种助剂能使酸性污垢中和后变成亲水性的污垢，对于肥皂类的洗涤剂还具有防止生成金属皂和游离脂肪酸等的作用。

② 酸性助剂。例如磷酸等酸性助剂能使金属的氧化物溶解，并且在铁的表面上形成磷酸铁覆盖膜，具有防止表面腐蚀的作用。

③ 降低表面活性剂溶液的表面张力。例如硅酸钠自体几乎不具有降低表面张力的作用，但它与肥皂共存时，对降低肥皂的表面张力有增强作用。在烷基苯磺酸盐系表面活性剂溶液中添加各种无机盐助剂，在低浓度条件下一般可以降低烷基苯磺酸盐表面活性剂的表面、界面张力。

④ 助剂对洗涤剂溶液形成胶束作用的影响。由于胶束电荷的作用，能更有效地吸附污垢，而且使胶束的临界浓度下降，具有增强分散溶液中污垢的能力。

⑤ 防止被分散污垢的再附着。例如羧甲基纤维素（CMC）可以防止被分散后的污垢再

附着在纤维上，这是由于污垢从纤维表面脱离后，CMC 代替污垢吸附在已清洁的纤维表面上，从而防止污垢与纤维接触。

⑥ 软化硬水作用。例如三聚磷酸钠使钙盐、镁盐变成可溶性的磷酸盐，从而防止生成金属皂。

⑦ 金属离子的封闭整合作用。金属离子尤其是铁离子的存在对去垢效果产生不良影响，如添加乙二胺四乙酸二钠盐（EDTA），对金属离子有良好的封闭作用。

上述各项是助剂应具有的性能，为了充分发挥主剂和助剂以及助剂之间的协同效果，一般是几种助剂适当配合使用。

（2）几种助剂的使用方法和效果

① 碳酸盐。在碳酸盐类助剂中最常用的是无水碳酸钠（纯碱），价格比较便宜。它的水溶液碱性强，1‰水溶液的 pH 值可达 11.2 左右。一般多用于工业用洗涤剂，如清洗玻璃用等。对于弱碱性纤维的洗涤和家庭用洗涤剂，一般不使用强碱性助剂。在洗衣店中用肥皂洗涤白棉布时，添加这种强碱性助剂，可增强洗涤效果。家庭用洗涤剂中添加碳酸氢钠时，须适当调整 pH 值，使之成为倍半碳酸钠使用。碳酸盐类作为肥皂的助剂效果良好，但如作为烷基苯磺酸系合成洗涤剂和高碳醇硫酸酯等的助剂反而不显效果，甚至降低去污力。

② 硅酸盐。硅酸钠和磺酸钠都是强碱性助剂，也是污垢分散剂和硬水软化剂，硅酸钠在不同 Na_2O 和 SiO_2 比例下的碱度是不同的，配制家用洗衣皂和合成洗衣粉时的 $Na_2O：SiO_2$ 为 1：3.2。其用于烷基酚聚氧乙烯醚、烷基苯磺酸盐系合成洗涤剂和高碳醇硫酸酯盐等的洗涤效果非常好，对金属还有一定的防腐效果。硅酸盐类助剂虽然价格便宜，但pH 值较高，对皮肤及弱碱性纤维等有损伤，应根据用途控制加入量。

③ 磷酸盐。磷酸盐的价格比碳酸盐高，但效果好，用途广泛，使用量大。其 pH 值比前述助剂低，有较强的缓冲作用，对皮肤刺激性小。同时具有软化硬水，封闭金属离子，分散污垢，防止污垢再沉积以及防止金属腐蚀等作用。在烷基苯磺酸盐系合成洗涤剂中添加磷酸盐助剂，可以提高去污力。添加在肥皂中的效果较前者差。在各种不同的洗涤剂中添加不同的聚合磷酸盐，其效果也不一样。例如，在烷基苯磺酸盐系和高碳醇硫酸酯系洗涤剂中添加三聚磷酸钠或六偏磷酸钠，去污力效果好。烷基酚聚氧乙烯醚系非离子表面活性剂中添加不同聚合磷酸盐，去污力效果顺序为六偏磷酸钠、焦磷酸钠、三聚磷酸钠。

④ 芒硝。芒硝是价格比较便宜的中性无机助剂，广泛用于家用和工业合成洗涤剂中。用硫酸法和发烟硫酸法制取的烷基苯磺酸系和高碳醇硫酸酯系的表面活性剂，在反应过程中由于有过剩的硫酸存在，使反应生成物中含有芒硝，一般不进行分离而直接作为助剂利用。

⑤ 沸石。20 世纪 70 年代初，人们发现三聚磷酸盐随洗涤污水进入水域而发生富营养化作用，致使水生动植物死亡。发达国家先后提出在洗涤剂中限制和禁止使用磷酸盐，4A 型合成沸石随即作为三聚磷酸盐的取代助剂，在服装洗涤剂中不同程度地配加 4A 型合成沸石。

⑥ 羧甲基纤维素（CMC）。羧甲基纤维素是亲水性很强的有机助剂，在无水状态下是白色粉末，加水后为黏稠状液体。在洗涤剂中和无机助剂并用，抗污垢再沉降的效果十分显著。

⑦ 其他无机助剂。如氢氧化钠是强碱性助剂，多用于清洗玻璃、金属等的工业用洗涤剂，家用洗涤剂中一般不用。硼酸钠是弱碱性助剂，对污垢的分散性、起泡性和黏度等有良好作用，多用于家庭用洗涤剂、肥皂和洗发香波等。

六、洗涤剂中表面活性剂的选择与复配原则

（1）表面活性剂的选择原则

在表面活性剂选择时应考虑表面活性剂的结构对其去污性能的影响以及对织物的褪色和

手感的影响。

　　水中纤维表面一般都带负电荷，阳离子表面活性剂被纤维吸附后表面变成疏水性，同时还会中和污垢表面的负电荷而使污垢沉积到织物表面上去。故在洗涤剂配方中多采用阴离子表面活性剂及非离子表面活性剂。

　　非离子表面活性剂的去污能力受硬水的影响较小，而阴离子表面活性剂的去污能力易受硬水的影响，其中肥皂受硬水的影响尤为严重。不同亲水基对硬水的敏感性可大致排列为如下顺序：

　　脂肪醇（酚）醚、脂肪醇（酚）醚硫酸盐＜α-烯基磺酸盐＜烷基硫酸盐＜烷基磺酸盐＜烷基苯羧酸盐

　　非离子表面活性剂的去污效果受温度的影响较大。如洗涤温度在非离子表面活性剂的浊点附近，去油污能力最强。在选用非离子表面活性剂时，不同的疏水基要与适合的环氧乙烷加成数相匹配，使之与要求的洗涤温度相适应。

　　表面活性剂在基质和污垢表面的吸附对洗涤效果起重要作用。在给定浓度下，亲水基相同的表面活性剂，其疏水基愈长，吸附量愈大。就阴离子表面活性剂而言，疏水基链长增加，去污性能增强，但也不是碳链愈长愈好，而是有一个最佳的链长范围，此范围的确定与洗涤温度和水的硬度有关。这是因为随着碳链的增长、表面活性剂在水中的溶解度下，同时其 Krafft 点（在较低温度下，表面活性剂在水中的溶解度随温度的上升而升高缓慢，但到某一温度后，表面活性剂在水中的溶解度随温度上升而迅速上升。该溶解度突变所对应的温度称为 Krafft 点）明显上升。当洗涤温度低于 Krafft 点时，表面活性剂的溶解量很少，不能达到临界胶束浓度，得不到较好的去污效果。图 2-1 及图 2-2 表示了两种温度下同长度烃链的脂肪酸钠的洗涤效果。可以看出，在 55℃时 C_{16} 和 C_{18} 的脂肪酸钠有较好的洗涤效果，而温度降到 38℃时，C_{14} 的脂肪酸钠具有较好的洗涤效果。因此，欲配制在较低温度下使用的洗涤剂，就不宜选用烃链过长的表面活性剂。

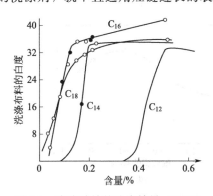
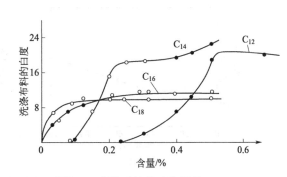

图 2-1　脂肪酸钠的洗涤效果（55℃）　　　　图 2-2　脂肪酸钠的洗涤效果（38℃）

　　对于非离子表面活性剂，尽管其临界胶束浓度较低，Krafft 点一般都低于 0℃，但烃链的最佳长度也有一个范围，疏水基过长水溶性变差，浊点降低，去污能力也随之下降。虽然对于长碳链的表面活性剂，增加其分子中的环氧乙烷加成数可增加水溶性，但这样会降低表面活性剂在界面的吸附量而影响其洗涤效果。因此作为洗涤剂用的表面活性剂，不论是阴离子型还是非离子型，若洗涤温度在 30～40℃，其疏水基链长一般以 C_{12}～C_{16} 较好。

　　表面活性剂疏水基的支链化对去污性能也有显著影响。研究表明，疏水基的支链化对去污不利，一般随着支链化程度的提高，去污力明显下降。这是因为支链产生较大的位阻效应，使吸附量降低，同时又使临界胶束浓度值升高，不易形成胶束，导致去污能力下降。但

支链化可以提高表面活性剂的润湿能力。

（2）表面活性剂的复配原则

所谓复配洗涤剂是由两种以上的表面活性剂配合而得，各种表面活性剂的特性不同，将几种表面活性剂适当配合后可以发挥良好的协同效应。一般而言，两种不同类型的表面活性剂互相配合都能得到一定的协同效应，但是阳离子表面活性剂和阴离子表面活性剂一般不能配伍。不同类型的表面活性剂复配后，其去污力的效果见图 2-3。

图 2-3（a）是肥皂和烷基苯磺酸钠配伍对棉布的去污效果，以肥皂为主体的去污力最高，复配后其去污力有稍下降的倾向，基本上没有协同效应。图 2-3（b）是烷基苯磺酸钠和烷基酚聚氧乙烯醚的配合，最好效果是非离子为 20％、烷基苯磺酸钠为 80％ 的配比，除此之外的去污力都差。图 2-3（c）是高碳醇硫酸酯钠盐和烷基酚聚氧乙烯醚系表面活性剂的配伍，其去污力升降的现象很明显。图 2-3（d）是烷基苯磺酸钠和酰胺磺酸钠的配伍，其协同作用对薄呢的去污力效果很明显，在酰胺磺酸盐比例为 60％ 时为最好。除了活性物单体的配合之外，还要考虑助剂的配合、洗涤条件等因素的作用，所以调制复配洗涤剂需先进行适当的实验，搞清各种因素和条件的作用。

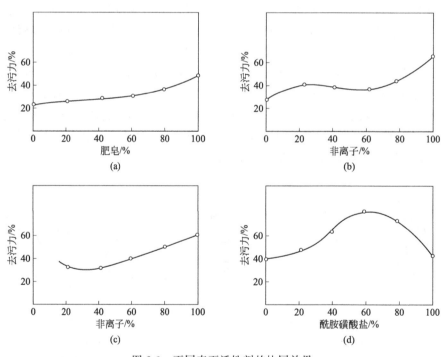

图 2-3　不同表面活性剂的协同效果

教学情境二

日化产品应用配方与制备方案设计

任务二　肥皂、香皂、雪花膏配方与制备方案设计

【任务介绍】

某日化公司研发部正在开发皂类、雪花膏新产品，见习的数名高职学院毕业生在皂类项

目主管的指导下，学习皂类、雪花膏产品相关理论知识，在资料查询、搜集、整理、归类、吸收等工作任务基础上，完成皂类产品开发方案设计，并提交研发报告的文献资料内容。

【任务分析】

1. 能登陆知网查询洗衣皂、香皂、雪花膏配方，实验室制备、实验仪器、实验步骤、注意事项、质量控制等文献；

2. 能整理、吸收、利用查询、搜集的相关文献资料；

3. 知晓皂用油脂、皂类常见品种和洗衣皂、香皂的配方组成及释义；

4. 依据洗涤剂的去污原理、配方组成，作配方原理设计；

5. 依据表面活性剂特征与种类，作配方主体结构设计；

6. 依据洗涤剂中的洗涤助剂种类及作用，作配方优化设计；

7. 依据洗涤剂中表面活性剂选择与复配原则，作配方增效设计；

8. 熟知调整配方，控制肥皂质量的因素；

9. 依据配方设计，能设计可行的实验方案；

10. 能撰写皂类、雪花膏产品研发报告相关内容部分。

【任务实施】

主要任务	完 成 要 求	地　点	备注
1. 查阅资料	1. 能登陆知网查询洗衣皂、香皂、雪花膏配方，实验室制备、实验仪器、实验步骤、注意事项、质量控制等文献； 2. 能整理、吸收、利用查询、搜集的相关文献资料	构思设计室	
2. 总结调整配方控制肥皂质量的因素	1. 会调控配方泡花碱量，控制肥皂冒霜； 2. 会调控配方油脂组成，控制肥皂软白点； 3. 会调控配方油脂、碱组成，控制皂体开裂、粗糙和沙粒感； 4. 会调控配方油脂、碱组成，控制肥皂冒汗、收缩变形和酸败； 5. 会调控配方油脂、碱组成，控制肥皂糊烂、硬度和泡沫性能	构思设计室	
3. 配方设计	1. 依据洗涤剂的去污原理、配方组成，作配方原理设计； 2. 依据表面活性剂特征与种类，作配方主体结构设计； 3. 依据洗涤剂中的洗涤助剂种类及作用，作配方优化设计； 4. 依据洗涤剂中表面活性剂选择与复配原则，作配方增效设计； 5. 依据配方设计，能设计可行的实验方案	构思设计室	
4. 企业参观、实践	1. 香精、香料生产厂、日化生产厂； 2. 香精、香料、日化营销企业	相关企业、公司	

【任务评价】

主要任务	完 成 要 求	分值	得分
1. 查阅资料	1. 能登陆知网查询洗衣皂、香皂、雪花膏配方，实验室制备、实验仪器、实验步骤、注意事项、质量控制等文献； 2. 能整理、吸收、利用查询、搜集的相关文献资料	20	
2. 总结调整配方控制肥皂质量的因素	1. 会调控配方泡花碱量，控制肥皂冒霜； 2. 会调控配方油脂组成，控制肥皂软白点； 3. 会调控配方油脂、碱组成，控制皂体开裂、粗糙和沙粒感； 4. 会调控配方油脂、碱组成，控制肥皂冒汗、收缩变形和酸败； 5. 会调控配方油脂、碱组成，控制肥皂糊烂、硬度和泡沫性能	20	
3. 配方设计	1. 依据洗涤剂的去污原理、配方组成，作配方原理设计； 2. 依据表面活性剂特征与种类，作配方主体结构设计； 3. 依据洗涤剂中的洗涤助剂种类及作用，作配方优化设计； 4. 依据洗涤剂中表面活性剂选择与复配原则，作配方增效设计； 5. 依据配方设计，能设计可行的实验方案	30	
4. 企业参观、实践	1. 香精、香料生产厂、日化生产厂； 2. 香精、香料、日化营销企业	10	
5. 学习、调查报告	1. 能撰写皂类、雪花膏配方产品研发报告的配方组成及释义，原材料种类、性质、价格及作用，调整配方控制肥皂质量的因素等部分的内容； 2. 能撰写皂类、雪花膏产品研发报告配方设计、实验方案部分的内容	20	

【相关知识】

一、皂用油脂和洗衣皂、香皂的配方组成

（一）皂类常见品种

目前肥皂、香皂的品种都趋向于多样化、专用化，如老年人专用的、婴儿专用的、护肤的、杀菌的香皂和液体香皂及透明皂等，在此简单介绍几种比较常见的品种。

（1）透明皂

透明皂呈透明状,具有晶莹剔透的外观。透明皂的结晶微细,小于可见光的波长,因此光线能透过。透明皂有两种,一种是"加入"式透明皂,采用椰子油、橄榄油、蓖麻油等含不饱和脂肪酸较多的油脂为原料,混合油脂凝固点应在35～38℃之间,不经过盐析,生成的甘油留在肥皂中有助于透明。此外添加多元醇、蔗糖、乙醇等作透明剂,还可加入结晶阻化剂提高透明度。透明皂所用原料必须高度纯净,否则会引起浑浊。为了获得微细的肥皂结晶,结晶过程须非常缓慢。但这类"加入"式透明皂,因脂肪酸含量低,不耐用。另一种透明皂为"研压"式透明皂,也称为半透明皂,它的脂肪酸含量高,一般在70%左右,它是通过多次机械研磨、挤压等加工使原来不透明的肥皂晶型转变成透明状态的晶型。这类半透明皂一般不加入多元醇、蔗糖、乙醇等透明剂,因此呈半透明状,但与透明皂相比,较硬、耐用,价格便宜,通常用作高级洗衣皂。透明皂参考配方见表2-3。

表 2-3 透明皂参考配方

组 成	质量分数/%	组 成	质量分数/%	组 成	质量分数/%
精制牛油	0.15	椰子油	0.15	蓖麻油	0.20
30%碱液	0.30	乙醇	0.12	蔗糖	0.08
香精、色素	少许				

(2)浮皂

浮皂是一种密度较轻(相对密度约0.8)的肥皂,之所以能浮在水面上,是因皂体中含有许多细微的气泡。其配方与一般的香皂相近,只是制造浮皂的方法特别。一种方法是在开始冷却成皂时,将空气或氮气与皂基一起送入混合机内,高速搅拌下使细小的气泡分散在肥皂中,再注框冷却,即成为内含众多微气孔的浮皂。另一种方法是在固体肥皂中部放置一个由石膏、塑料或多孔聚合物注成的空心模芯,使皂能浮于水面。

(3)药皂

药皂也称为祛臭皂,是在皂中添加杀菌消毒剂,可洗去附在皮肤上的污垢和细菌,并利用抗菌剂阻止本身无菌的汗液被细菌分解成有气味的物质。这些药物须具备能长期祛臭、广谱杀菌,易与皂类的其他添加剂良好相容,对皮肤低刺激等功能。早期生产的药皂以甲酚等作为杀菌剂,有不愉快的气味,对皮肤有刺激性。目前药皂中都用无臭味、刺激性低的双酚类杀菌剂,如六氯二苯酚基甲烷(六氯酚)、二氯二苯酚基甲烷、三氯羟基二苯醚等,它们对革兰阳性菌有很好的杀菌功能。一般用量为0.1%～1.5%。药皂参考配方见表2-4。

表 2-4 药皂参考配方

组 成	质量分数/%	组 成	质量分数/%	组 成	质量分数/%
皂基	0.93	椰子油酸	0.01	十六醇	0.01
羊毛脂	0.02	EDTA	0.001	香精、色素	少许
钛白粉	0.02	六氯二苯酚基甲烷	0.005		

(4)大理石花纹皂和条纹皂

这是一种外观像大理石或彩色条纹的香皂,它改进了传统单色香皂的视觉效果。这种皂的生产主要借助于固-固混合技术和固-液混合技术,前者是将两种以上含不同染料,但黏度相同的皂基按比例缓缓挤入挤压机挤压形成不同条纹的成品;后者则是将皂基引入压条机,而将配好的液体染料从压条机的其他固定入口定位导入,着色后获得预定效果。一般染料含量为1.0%～5.0%,染料附着在染料载体和表面活性剂的混合液中,具有良好的分散性和黏度。常用染料载体为可溶性纤维素衍生物,如纤维素醚、羧甲基纤维素或聚乙烯醇等。

（5）复合皂

复合皂有复合香皂和复合洗衣皂，主要是在皂基中加入一定量的钙皂分散剂和其他助洗剂等添加剂，使复合皂在硬水中不形成皂垢，提高了皂类抗硬水能力和洗涤去污能力。一般复合皂中皂基的含量为50%左右，钙皂分散剂的量为3%～5%。复合洗衣皂参考配方见表2-5。

表2-5　复合洗衣皂参考配方

组　　成	质量分数/%	组　　成	质量分数/%	组　　成	质量分数/%
椰子油钠皂	0.26	荧光增白剂	0.01	牛油甲酯磺酸钠	0.08
牛油钠皂	0.49	碳酸钠	0.05	泡花碱	0.10
香精、色素	少许				

（6）液体皂

液体皂中脂肪酸含量为30%～35%，是以脂肪酸钾皂与其他表面活性剂复配后，加入一定的增溶剂、稳泡剂、护肤剂、螯合剂、香精等添加剂，形成介于皂类与合成洗涤剂产品之间的洗涤产品。它与复合皂一样兼具皂类和合成洗涤剂的优点，且生产工艺、设备简单，对皮肤刺激性低。液体香皂参考配方见表2-6。

表2-6　液体香皂参考配方

组　　成	质量分数/%	组　　成	质量分数/%	组　　成	质量分数/%
月桂酸	0.12	氢氧化钾	0.03	月桂酰二乙醇胺	0.05
油酸	0.10	丙二醇	0.08	尼泊金甲酯	0.003
硬脂酸	0.03	甘油	0.03	香精、色素	少许
EDTA	0.002	氯化钠	0.01	蒸馏水	余量

（二）皂用油脂

油脂是制造肥皂的主要原料，它的主要化学组成是脂肪酸甘油酯。油脂的质量直接影响所生产肥皂的质量，如饱和脂肪酸含量高的油脂比较好；饱和度低的油脂因碳链中含有双键易发生氧化、聚合等反应，使油脂酸败和色泽加深，不适合制皂。通常用下列指标筛选皂用油脂。

（1）油脂凝固点

油脂凝固点对肥皂质量的影响很大，凝固点太高的油脂生产的肥皂易龟裂，泡沫少，去污力差；凝固点太低会影响肥皂的硬度。油脂饱和度愈高，凝固点愈高，反之愈低。油脂饱和度相同时，分子量愈大者，凝固点愈高。制皂选用的油脂，其凝固点在38～42℃之间为宜。

（2）油脂皂化值

皂化值是1g油脂用KOH的乙醇溶液完全皂化时所消耗KOH的质量（mg）。脂肪酸甘油酯的分子量愈高，皂化值愈低，制得的皂愈易溶于水，易起大泡。由皂化值可以计算油脂的平均分子量及皂化时所需NaOH溶液的质量。

$$M = 1000 \times 3 \times 56.1/S = 168300/S$$

式中　　M——油脂的平均分子量；

　　　　S——油脂皂化值；

　　　　3——皂化1mol油脂需3mol KOH；

　　　56.1——KOH的分子量。

$$W_{NaOH} = W_{油脂} \times S \times 40/(56.1 \times 1000 \times w_{NaOH})$$

式中　W_{NaOH}——皂化时所需 NaOH 溶液的质量，kg；

　　　　$W_{油脂}$——皂化时油脂的质量，kg；

　　　　S——油脂皂化值；

　　　w_{NaOH}——NaOH 溶液的质量分数，%；

　　　　56.1——KOH 的分子量；

　　　　40——NaOH 的分子量。

（3）油脂酸值

中和 1g 油脂中的游离脂肪酸所需 KOH 的质量（mg）称为酸值或酸价。油脂酸值愈高，所含游离脂肪酸量愈多，说明油脂已酸败，质量差，其制得的皂易变质、出汗、发臭。由酸值可以计算游离脂肪酸的含量。

$$游离脂肪酸(\%) = VA \times M \times 100/(1000 \times 56.1)$$

式中　VA——油脂酸值；

　　　M——油脂中脂肪酸的平均分子量；

　　56.1——KOH 的分子量。

（4）油脂碘值

油脂分子中的双键能与碘发生加成反应。100g 油脂所吸收碘的质量（g）为碘值（或碘价）。从加成反应所吸收的碘量可衡量油脂的不饱和程度。碘值愈高，不饱和程度愈高，制得的皂愈软。各种油脂的碘值范围及标准见表 2-7。

表 2-7　各种油脂的碘值范围及标准

品种	碘价（范围）	标准出处	品种	碘价（范围）	标准出处
大豆油	124~139	GB 1535—2003	核桃油	140~152	—
花生油	86~107	GB 1534—2003	玉米油	103~130	—
菜籽油	94~120	GB 1536—2004	猪油	45~70	—
低芥酸菜籽油	105~126	GB 1536—2004	米糠油	92~115	GB 19112—2003
棕榈油	50~55	GB/T 18008—1999	米糠色拉油	92~115	—
葵花籽油	118~141	GB 10464—2003	蓖麻籽油	80~88	GB 8234—1987
棉子油	100~115	GB 1537—2003	亚麻籽油	≥175	GB 8235—1987
芝麻油	103~118	—	深海鱼油	≥120	SC/T 3502—2000
茶籽油	83~89	GB 11765—2003	混合油	50~90	NY/T 913—2004

根据碘值的大小，油脂分为干性油、半干性油和不干性油。不干性油碘值<100，植物油脂中椰子油、棕榈油、花生油，动物油脂中牛油、羊油、猪油都是不干性油，适用于制皂；半干性油碘值 100~130，在制皂时可适当配用，如棉子油、糠油、菜油等，但加入量不宜过多，一般棉子油的用量不超过 3%~5%；干性油碘值>130，不饱和程度高，易氧化生成大分子物质，在表面形成硬膜，如亚麻仁油、桐油是干性油，它们不适于制皂。

（5）皂用油脂配方

制皂时常需采用多种油脂混合使用，并考虑原料供应的可能性和经济性。表 2-8 和表 2-9 列出了制造香皂和洗衣皂所用油脂配方。

表 2-8　香皂用油脂配方　　　　　　单位：%（质量分数）

油脂名称	配方一	配方二	配方三	配方四	配方五
牛羊油（44℃）		0.75			
牛羊油（43℃）	0.80				0.42
牛羊油（42℃）			0.75		
硬化猪油			0.05	0.10	0.30
猪油		0.05		0.28	0.35
花生油/茶油					0.10
椰子油/棕榈仁油	0.20	0.20	0.20	0.20	0.25

表 2-9　洗衣皂用油脂配方　　　　　　单位：%（质量分数）

油脂名称	53%脂肪酸规格			42%脂肪酸规格		
	配方一	配方二	配方三	配方四	配方五	配方六
硬化油		0.10	0.32	0.34	0.38	0.33
牛羊油	0.75					
猪油			0.20	0.05		
柏油				0.07		
棕榈油		0.60	0.15			
椰子油/棕榈仁油	0.10	0.15				0.02
棉油酸				0.29	0.10	0.15
棉清油			0.18			
糠油					0.22	0.20
松香	0.15	0.15	0.15	0.25	0.30	0.30

在洗衣皂配方中，为使肥皂有一定硬度，要加入一定量的固体油脂。常用的固体油脂有脂肪酸凝固点为 56℃左右的硬化油，用量为 28%～34%，棕榈油或牛羊油作为固体油脂的用量为 75%～80%。高级洗衣皂还可用 10%～15%的椰子油或棕榈仁油。

松香也是洗衣皂常用的一种油脂原料，主要成分是松香酸。在洗衣皂中与其他油脂配合可以增大肥皂的溶解度，提高去污力，降低成本。但由于色泽较差，在香皂中一般不加松香。

色泽要求较高的白色香皂的油脂配方，基本上都是由 80%牛羊油和 20%椰子油组成，实际混合油脂的凝固点在 38.5～39.5℃。

（三）洗衣皂的配方组成及释义

洗衣皂的主要成分是脂肪酸钠，洗衣皂分为 A 型和 B 型两种。A 型干皂脂肪酸含量大于 43%；B 型干皂脂肪酸含量大于 54%。高级洗衣皂中脂肪酸含量也可达到 70%以上。除脂肪酸盐外，为了改进肥皂的性能，提高去污能力，调整肥皂中脂肪酸的含量，降低肥皂的成本，使织物留香，在肥皂配制时还需要加入一定的填料和香精等组分。

（1）水玻璃

水玻璃又称为泡花碱，是洗衣皂中添加的填料之一，其组成为 $Na_2O : SiO_2$ 为 1：2.44。它既可在洗涤过程中对污垢起到分散和乳化作用，又能使肥皂光滑细腻，硬度适中。但水玻璃添加过多会使肥皂收缩变形、冒霜。若将水玻璃先与等当量的脂肪酸中和，形成肥皂与硅酸的胶体，经研磨分散后加入到肥皂中，可制成 SiO_2 含量高、质地坚硬、泡沫丰富的肥皂。一般添加量约为 10%。

（2）钛白粉

钛白粉即二氧化钛，可增加肥皂的白度，改善真空压条、皂发暗的现象，为肥皂增加光泽，同时还能降低肥皂的成本，一般添加量为 1%～5%。

（3）碳酸钠

碳酸钠是碱性盐，它的入可提高肥皂的硬度，也可中和部分未皂化完的游离酸。一般添加量为 0.5%～3.0%，应将它与泡花碱溶液混匀后一起加入。

（4）荧光增白剂及色素

荧光增白剂是肥皂增白的助剂，加入量很少，一般为 0.03%～0.2%；色素的加入主要是掩盖原料的不洁感。色素以黄色为主，有酸性金黄 G（酸性皂黄），也有加蓝色群青的肥皂。

（5）钙皂分散剂

肥皂中需添加钙皂分散剂，它也是一种表面活性剂，其分子中都有较大的极性基团，并能与肥皂形成混合胶束，从而防止肥皂遇 Ca^{2+}、Mg^{2+} 后，形成疏水性的脂肪酸钙胶束，形成不溶于水的皂垢。其加入防止了肥皂在硬水中生成皂垢而降低表面活性；也减少了皂垢凝聚使织物泛黄、发硬，失去光泽和美感的现象。常用的钙皂分散剂有：椰子油酰单乙醇胺、烷基酰胺、聚氧乙烯醚硫酸盐、牛油甲酯磺酸钠等表面活性剂，对钙皂都有分散作用，一般加入量为 5%～15%。

（6）香精

普通的洗衣皂加香只是为了遮掩原料不受欢迎的气味，一般可加入低档的芳香油及香料厂的副产品，如紫罗兰酮等；高级洗衣皂则要求洗后有一定的留香时间，因此需加入质量较好的、气味浓郁的香精，如香茅油之类的香精，用量一般为 0.3%～0.5%。

（四）香皂的配方组成及释义

香皂是常用的人体清洁用品，对其质量的要求高于洗衣皂，一般应具备以下基本性能：含游离碱少，不刺激皮肤；洗净力适当，使用后皮肤感觉良好，洗后留幽香；能产生细密而稳定的泡沫；在水中溶解能力适度，在温水中不溶化崩解；外形轮廓分明，储存后不收缩、不开裂。

人们对香皂性能、外观等要求随着生活水平的提高不断增高，香皂中除了含有脂肪酸盐外，还添加了诸如填料、香料、多脂剂等添加剂，以改善香皂的性能，满足市场需要。

（1）填料

填料是为了改善香皂的透明度、掩盖原料的颜色所加入的，对产品质量的影响较大。常用的填料如下。

① 钛白粉与荧光增白剂。与肥皂一样，钛白粉的主要作用是增加香皂白色，降低透明度，特别使用在白色香皂中，也有的配方中以氧化锌代替钛白粉，但氧化锌的效果略差一些，一般加入量为 0.025%～0.20%。荧光增白剂可吸收日光中紫外光，与黄光互补，使皂体具有增白效果，通常加入量不超过 0.20%。

② 染料与颜料。染料与颜料的加入可以调整香皂的色彩，染料为香皂整体着色，用颜料为皂体局部着色。对着色剂的要求是：不与碱反应、耐光、水溶性好，色泽艳丽。常用的有：皂黄、曙色红、锡利翠蓝等染料、酞菁系颜料及它们的配色色料。

（2）多脂剂

香皂中皂基的碱含量较高，对皮肤有脱脂性，刺激性也较大，为减少这些副作用，加入多脂剂可以中和香皂的碱性，洗后留在皮肤表层，使皮肤滋润光滑。常用的多脂剂有：硬脂酸、椰子油酸、磷脂、羊毛脂、石蜡等，可单独使用，也可混合使用，加入量一般为

$1.0\% \sim 5.0\%$。

（3）杀菌剂

为了杀死在皮肤表面聚集的细菌，消毒表皮，需在香皂中加入杀菌剂。常用的有秋兰姆、过碳酸钠，加入量为 $0.5\% \sim 1.0\%$。目前也可选择杀菌祛臭的中草药代替杀菌剂。

（4）香精

香精既可以掩盖皂基原料的气味，又可以使香皂散发清新怡人的香味，受到人们的欢迎。香皂根据不同的使用对象采用不同类型的香精，常用的香型有：花香型、果香型、青香型、檀香型、力士型等，但需注意香皂配方中应选择留香时间长、耐碱、遇光不变色、与香皂颜色一致的香精。一般加入量为 $1.0\% \sim 2.5\%$。

（5）抗氧剂

为了阻止香皂原料中含有的不饱和脂肪酸被氧、光、微生物等氧化，产生酸败等现象，需加入一定量的抗氧剂。一般要求抗氧剂应溶解性较好，对皮肤无刺激，不夹杂其他气味等。常用的抗氧剂有：泡花碱，用量为 $1.0\% \sim 1.5\%$；2,6-二叔丁基对甲基酚，用量为 $0.05\% \sim 0.1\%$。

（6）螯合剂

为了阻止香皂皂基中带入的微量金属，如铜、铁等对皂体的自动催化氧化，常加入金属螯合剂 EDTA（乙二胺四乙酸二钠），一般添加量为 $0.1\% \sim 0.2\%$。

二、调整配方控制肥皂质量

肥皂在我国是一种传统的洗涤用品，除了应该具有一定的硬度、耐用度和去污能力以外，外观质量也十分重要。比如冒白霜、有软白点、开裂、糊烂、酸败等均给消费者一种质量低劣的印象。

（1）配方调控泡花碱量，控制肥皂冒霜

肥皂冒霜是一个维持平衡的过程。皂体中的游离电解质以及溶在水中的低碳脂肪物，总是由高浓度向低浓度方向流动，如果皂面有水，浓度差增大，这种流动将会加速。同样皂体内的水分与外界的湿度失去平衡，随着水分向外流动，把溶在其中的电解质和低级脂肪物也带到皂面上，最终形成白霜，所以干燥季节易发生冒霜。另外冒霜和油脂配方也有一定关系，若配方中增加胶性油脂和保持一定量的松香，以提高皂基容纳电解质的能力，可减轻无机霜的生成，但这往往受到资源和成本的限制。

肥皂中皂基含量多是 $33\% \sim 55\%$，须在皂基中添加硅酸钠填充剂，对脂肪酸进行调整，以弥补纯皂的某些质量缺陷，达到节约油脂、降低成本的目的。此外一定量的无机电解质，可使皂胶变得稠度适中易于输送，且对去污、防止酸败都有益处。但过量电解质无法容纳在肥皂中，会随着水分和其他挥发物质从肥皂内向外移动而被带到表面，其游离的氢氧化钠与空气中的二氧化碳发生作用生成碳酸钠，表层水分蒸发后就形成了白色皂霜。皂霜的成分为 Na_2CO_3 和 SiO_2。

配方调控时选用碱性泡花碱，控制添加量。通常皂中 SiO_2 含量不超过 3.5%、不低于 3%，电解质总量以皂基中为 0.5%（$NaOH \leqslant 0.3\%$，$NaCl \leqslant 0.2\%$）为宜。

低级脂肪酸的存在是造成有机霜的主要原因。低碳脂肪酸及其盐类，易溶于水形成分子溶液，若皂体内存有大量低碳脂肪酸盐，就能随水移动到皂面成霜。低级脂肪酸含量大的原因主要有油脂的酸败、肥皂的酸败与工艺操作等。

（2）配方调控油脂组成，控制肥皂"软白点"

配方调控油脂组成，可有效减少或消除皂表面"软白点"。松香与月桂酸类油脂的量不足是造成软白点的直接原因。真空出条皂的配方与冷板皂的配方最大的不同点在于松香的用量不同，冷板成型工艺的油脂配方中松香最多可用至 30%，而真空出条油脂配方中松香最多只能用 8%，配方中应加入 4%～10% 的胶性油脂，主要是椰子油和棕榈仁油，其月桂酸分别占油脂脂肪酸组成总量的 49.1% 和 47.6%。增加椰子油、棕榈仁油的配比，有利于真空出条，显著减少皂表面"软白点"的数量。同时棕榈油配比的提高加大了皂基容纳电解质的量，增加了配方中泡花碱的用量，使肥皂在出条时硬度适中、皂面光滑，保证了肥皂的外观质量。

配方调控钛白粉用量，可起到遮盖"软白点"的效果。钛白粉能够在一定程度上遮盖皂体的色感和透明度，是肥皂行业常用的遮光剂。在规模生产中，钛白粉加入量提高，遮盖"软白点"的效果增加。

（3）配方调控碱、油脂组成，控制皂体开裂、粗糙和沙粒感

在配方中泡花碱浓度过高，皂基内电解质含量太多，或是松香、椰子油或液体油太少，粒状油多，容纳电解质能力较差，都易造成开裂。

对于 80% 牛油和 20% 椰子油的标准配方，脂肪酸凝固点为 38℃，氯化钠含量为 0.42%～0.52%，水分 13%～14%，香料 1%，可得到满意的塑性，但如果氯化钠含量超过 0.55%，就容易造成开裂。

以下配方可有效地减少开裂与粗糙：

总脂肪酸	62%～63%（质量分数）	皂化价	207～220
氯化钠	0.30%～0.35%（质量分数）	不皂化物	0.15%（质量分数）
脂肪酸凝固点	38～90℃	未皂化物	0.10%（质量分数）
碘价	40～50		

对于香皂，加入少量羊毛脂、非离子表面活性剂、CMC、C_{16} 醇、硬脂酸等，以及将香精用量增加，都有助于减少开裂。

肥皂组织粗糙、沙粒感的原因来自于皂基的泡花碱和氯化钠含量过高过多、分布不均匀，导致结晶体较粗大，皂基不细腻。控制好电解质含量，保证出锅皂基的游离碱含量不高于 0.10%，氯根含量不高于 0.36%，以保证皂基细腻，皂体柔滑，沙粒感减少，这在香皂生产中尤为重要。控制皂粒水分在 11.0%～12.5%、研磨机辊筒的间隙在 0.2～0.3mm，也可减少香皂的沙粒感。

（4）配方调控油脂、碱组成，控制肥皂"冒汗"、收缩变形和酸败

"冒汗"是指肥皂冒水或冒油。在梅雨季节或空气中相对湿度达到 85% 以上时，肥皂可能出现冒汗现象，这是由于空气中水分与肥皂中水分不平衡引起的。肥皂中水分含量越小，空气中水分越容易流向肥皂，但由于肥皂表面成膜，水不易渗入而聚集在表面，越容易出现冒汗现象。肥皂的冒汗会引起肥皂水解，进而产生酸败。防止肥皂冒汗，可调控配方中混合油脂的脂肪酸碘价并控制在 85 以下；调控配方中皂基的总游离电解质并控制在 0.5 以下。

肥皂水分含量大，如在 45% 以上，脂肪酸含量过少，如在 47% 以下，这种肥皂干燥后收缩严重，容易变形，甚至出现低温冻裂现象。调整配方，增加泡花碱浓度，或是增加固体填料，例如，5% 左右陶土或碳酸钙等来替代部分水分。但固体填料过多，会导致肥皂粗松。

油脂配方中含有大量高度不饱和酸的油脂，在空气、阳光长期接触中这些不饱和酸在其

双键处容易被氧化，生成低级脂肪酸、过氧化物、低分子量醛、酮等，这是酸败皂产生不愉快气味的原因。肥皂配料中碱性物质少，游离碱的量不足以中和这些酸，会引起肥皂酸败，来自纯度不足原料或金属设备的铜、铁、镍等重金属离子会促进酸败。

最有效的防止酸败的办法是配方调控中适当增加泡花碱、碳酸钠的配比。能使肥皂结晶紧密，抵抗氧气对肥皂内部的袭击。在肥皂表面发生酸败时，会对酸败起抑制作用。此外，还能增加肥皂的硬度、耐磨性、耐用性，并有软化硬水的作用。

还可在配方调控中加入适量的松香或抗氧剂。松香是带有两个双键的不饱和酸，空气中易被氧化，但不会发生断链产生小分子酸。因此，松香使肥皂结晶紧密，起保护遮盖作用。实际可起着抗氧化的作用。松香可增加肥皂的溶解度、降低皂水表面张力，使肥皂对无机电解质容量增大，并增加去污力。还可加入螯合剂如 EDTA，屏蔽对于氧化有催化作用的重金属离子，在液体皂中这一点尤其重要。

（5）配方调控油脂、碱组成，控制肥皂"糊烂"、硬度和泡沫性能

肥皂糊烂出现在 G 相，富脂皂及非富脂皂中棕榈酸盐/硬脂酸盐呈大粒结晶，水分通过皂液相渗透，从而导致液晶相的膨胀、松散而出现糊烂现象。肥皂遇水发生糊烂，则不耐用。配方中不饱和脂肪酸含量越多，则碘价越高，糊烂越严重。配方调控油脂中硬脂酸与棕榈酸之比在 1∶（1～1.3），同时适当增加椰子油用量，可以改善糊烂程度。皂块水分含量高也容易糊烂。

肥皂的硬度低，则组织松散，导致耐磨度低和耐用度差。这种肥皂在使用时易破碎成小块而被消耗。由长链饱和脂肪酸钠组成的肥皂，耐磨度高，由长链不饱和脂肪酸钠组成的肥皂，耐磨性差；含水分较高的肥皂，其耐磨性差，反之则高。C_{10} 以下的脂肪酸钠硬度和溶解度都较大，因而其耐磨性很差。配方调控油脂中含长链饱和脂肪酸与长链不饱和脂肪酸油脂的比例、采用新鲜未酸败油脂、适量增加硅酸钠用量可有效提高皂的硬度和耐用性。如 SiO_2 含量为 5.93％时，耐磨性为 $0.78g/(cm^2 \cdot min)$；不含硅酸钠时，耐磨性为 $2.12g/(cm^2 \cdot min)$。

肥皂的泡沫性能影响去污能力，C_{14} 酸钠盐泡沫最丰富。通常 $C_{12}\sim C_{18}$ 肥皂的泡沫多而大，去污力强；C_{10} 以下低碳链的合成脂肪酸制皂，泡沫少，去污力差。配方调控油脂中 $C_{12}\sim C_{18}$ 油脂的组成可有效调控皂类泡沫性能，适当增加松香和硅酸钠的用量对泡沫有调整作用。如椰子油、棕榈油、木油（柏油和梓油的混合物）、猪油、牛羊油、棉子油、樟子油等油脂制成的肥皂有丰富的泡沫；而菜油、花生油、硬化豆油和鱼油制成的肥皂不易起泡。松香、蓖麻油、磷脂、磺化油、硅酸钠和磷酸钠本身虽然不易起泡，但对其他油脂有助起泡的作用。

教学情境三
日化产品应用配方与制备方案实施

任务三　肥皂、香皂、雪花膏配方与制备方案实施

【任务介绍】

某日化公司研发部正在开发皂类、雪花膏新产品，见习的数名高职学院毕业生在皂类项目主管的指导下，进入实验室和生产车间顶岗学习产品的生产、工艺的知识和操作技能，为

皂类、雪花膏新产品开发实验及生产积累知识和经验。在此基础上，完成皂类、雪花膏新产品开发实验及生产，并撰写提交研发报告的全部内容。

【任务分析】

1. 能登陆知网查询洗衣皂、香皂、雪花膏工业生产方法、生产设备、工艺、操作规程、分析检测方法、质量标准、原材料及设备价格等文献资料；
2. 能整理、吸收、利用查询、搜集的相关文献资料；
3. 熟知皂基的中性油皂化法、脂肪酸中和皂化法工艺，能制备皂基；
4. 熟知洗衣皂的制备工艺，能制备洗衣皂；
5. 熟知香皂的制备工艺，能制备香皂；
6. 熟知透明皂的制备工艺，能制备透明皂；
7. 熟知雪花膏的制备工艺，能制备雪花膏；
8. 能撰写皂类、雪花膏产品研发报告制备与工艺部分内容。

【任务实施】

主要任务	完成要求	地点	备注
1. 查阅资料	1. 能登陆知网查询洗衣皂、香皂、雪花膏工业生产方法、生产设备、工艺、操作规程、分析检测方法、质量标准、原材料及设备价格等文献资料 2. 能整理、吸收、利用查询、搜集的相关文献资料	构思设计室	
2. 总结日化配方产品的制备工艺	1. 熟知皂基的中性油皂化法、脂肪酸中和皂化法工艺； 2. 熟知洗衣皂的制备工艺； 3. 熟知香皂的制备工艺； 4. 熟知透明皂的制备工艺； 5. 熟知雪花膏的制备工艺	配方制剂实训室	
3. 配方实施	1. 能按照皂基的中性油皂化法、脂肪酸中和皂化法工艺，会制备皂基； 2. 能按照洗衣皂的制备工艺，会制备洗衣皂； 3. 能按照香皂的制备工艺，会制备香皂； 4. 能按照透明皂的制备工艺，会制备透明皂； 5. 能按照雪花膏的制备工艺，会制备雪花膏	配方制剂实训室	
4. 企业参观、实践	1. 香精、香料生产厂、日化生产厂； 2. 香精、香料、日化营销企业	相关企业、公司	

【任务评价】

主要任务	完成要求	分值	得分
1. 查阅资料	1. 能登陆知网查询洗衣皂、香皂、雪花膏工业生产方法、生产设备、工艺、操作规程、分析检测方法、质量标准、原材料及设备价格等文献资料； 2. 能整理、吸收、利用查询、搜集的相关文献资料	20	
2. 总结调整配方控制肥皂质量的因素	1. 熟知皂基的中性油皂化法、脂肪酸中和皂化法工艺； 2. 熟知洗衣皂的制备工艺； 3. 熟知香皂的制备工艺； 4. 熟知透明皂的制备工艺； 5. 熟知雪花膏的制备工艺	20	
3. 配方实施	1. 能按照皂基的中性油皂化法、脂肪酸中和皂化法工艺，会制备皂基； 2. 能按照洗衣皂的制备工艺，会制备洗衣皂； 3. 能按照香皂的制备工艺，会制备香皂； 4. 能按照透明皂的制备工艺，会制备透明皂； 5. 能按照雪花膏的制备工艺，会制备雪花膏	30	
4. 企业参观、实践	1. 香精、香料生产厂、日化生产厂； 2. 香精、香料、日化营销企业	10	
5. 学习、调查报告	1. 能撰写皂类、雪花膏配方产品研发报告的工业生产方法、生产设备、工艺、操作规程、分析检测方法、质量标准、原材料及设备价格等部分的内容； 2. 能撰写皂类、雪花膏产品研发报告完整内容并提交报告	20	

【相关知识】

一、皂基的制备方法

皂基的制备方法有中性油脂皂化法及脂肪酸中和法，而中性油脂皂化法又包括沸煮法和连续煮皂法。

（一）中性油皂化法

（1）沸煮法

此法是油脂与碱液在开口蒸汽的翻动下进行沸煮，可精确地达到所要求的皂化程度。在油脂皂化完成后，再进行盐析等操作以回收甘油。对甘油回收的要求不同，所采用的盐析次数也不同。国内肥皂厂基本上都用此法煮皂。

煮皂锅一般都是用普通的碳钢制成的。皂锅的底都是锥形的便于放清废液或皂脚。锅内底部装有开口的蒸汽管，一般分为三道，旁边二道，中间一道，各道均装有阀门，可分别控制。开口蒸汽管上的孔径一般为 $\phi 4mm$ 左右。皂锅装有两个出口，一个在底部，可把废液或整锅物料放出；另一个稍高于锥底，装有一根能上、下移动的撇取管。

在撇取管的尽头有一只扁平的鱼尾状的吸头，它可根据需要吸出上层的皂基或下层的皂脚等。碱析水加入皂锅时，易冲出泡沫，因此也由此压入。通常皂锅的容量为 $30\sim50m^3$，四周保温，防止热量散失。温度对皂的黏度影响很大，低于 $75℃$ 时，会变得十分稠厚，影响整理静置时皂脚下沉，为了使皂脚沉降路程短，皂锅也不宜太高。在皂锅上尚装有各种物料的输入管和输出管。油脂及松香的总投入量（不包括皂脚量）为皂锅容量的 $30\%\sim35\%$。

① 皂化。皂化过程是将油脂与碱液在皂化锅中用蒸汽加热使之充分发生皂化反应生成脂肪酸盐及甘油的过程。皂化开始时，因油碱不相溶，呈分离状态，反应缓慢，蒸汽量要大，靠蒸汽翻动来增加油碱的接触面积，促进反应。当翻煮一段时间后，脂肪酸盐逐渐形成、使油碱溶于其中，皂化反应在均一状态下进行，反应进入急速反应期，速率加快，锅中物料渐渐变稠，脂肪酸盐开始上涨。应及时调整蒸汽，或通入少量冷水，否则大量热会造成溢锅。当皂化反应接近完成时，锅内物料中的油、碱浓度都降低，皂化反应的速率又缓慢下来。一般当皂化率达到 95% 左右时，即停止皂化操作。此时体系呈微碱性，用 1% 酚酞液测试，不即刻呈淡红色，用手指蘸皂时可结硬成片。如用酚酞液测试不显色，手指蘸皂时有油腻感，且不结硬成片，说明皂化尚未完全，应继续加碱皂化。

皂化时，计量液碱，可容易控制皂化操作。皂化时加入一定量的脂肪酸盐，能加快皂化速率。皂化包括盐析操作时间在内一般为 $3\sim4h$。

② 盐析。在油脂皂化完成以后，除肥皂外，还有大量的水分、甘油以及色素、磷脂等杂质。需回收甘油，用干盐或饱和盐水来使肥皂与水、甘油、杂质分离，这个过程就是盐析。在一定浓度的盐溶液中肥皂不能溶解，而甘油可以溶解，根据这个特性使二者分离。通过盐、静置以后，浮在盐水上面的肥皂一般称为皂粒，下层的盐水，俗称废液，其中除含有甘油及盐外，尚含有少量的碱、杂质、水溶性色素及肥皂等。盐析时，一般加入干盐，均撒在肥皂表面，开大蒸汽使锅内物料均匀翻透，当肥皂表面开始再现析开状态时，即应暂停加盐，翻煮一段时间，待盐全部溶解后，再观看锅内情况是否盐析合度。观看盐析是否合度，需用从锅内取出样品，看析出的废液冷后是否凝冻、清晰。无凝冻、清晰则可停止蒸汽翻动，进行静置。如析出的废液，有凝冻状，则是盐析得尚不够，需继续补充加盐，直到废液清晰为止。盐析不可过度，否则会有更多的废液包含在皂粒中，影响甘油洗出，遇此情况，应适当地加些清水。

盐析以后，肥皂中甘油洗出的多少，完全取决于废液的分出量，这须有足够的静置时间，以保证废液的分出。对盐析静置后放出的废液，要求清晰，游离氢氧化钠含量在 0.05% 以下，脂肪酸含量不高于 0.15%。废液中的含盐量，随各种油脂而异。使肥皂自废液中完全析出的废液最低的盐的浓度称为废液的极限浓度。各种油脂所成肥皂的废液极限浓度列于表 2-10。

表 2-10　各种油脂所成肥皂的废液极限浓度

油脂名称	废液中盐/%	油脂名称	废液中盐/%
向日葵油	5	棕榈油	5
豆油	6	猪油	6～6.3
玉米油	5	牛羊油	5～7.0
棉子油	5.5～6.9	椰子油	20～25
菜籽油	3.5～4.8	棕榈仁油	18
花生油	5.5～6.7		

③ 洗涤。洗涤是为了进一步洗出肥皂中的甘油，也可去除一部分的色素及杂质。当经皂化盐析后的皂粒的皂化率不足时，尚可加碱补充皂化。方法是经皂化盐析放去废液以后的皂粒，开蒸汽进行翻煮，加入适量的清水，检查皂中的碱量，如以酚酞液测试不红，说明皂化不足，可补充加入一些碱液，以使皂化率达到要求（95％左右），然后进行盐析。洗涤盐析放出的盐析水称为洗涤水，其中的游离碱含量及脂肪酸含量的要求与皂化盐析的废液相同。

④ 碱析。碱析是使经皂化后尚未皂化的油脂，在过量碱的情况下，保证皂化完全，同时进一步洗出肥皂中的甘油，并可去除一部分的色素及杂质。碱析去除色素及脱杂质的效果比盐析强，并能降低皂胶中 NaCl 的含量。静置分层后，上层送去整理工序；下层称为碱析水。碱析水含碱量高，可以用于下一锅的油脂皂化。

⑤ 整理。整理工序是对皂基进行最后一步净化的过程，主要调整皂基中的脂肪酸、水和电解质三者之间的比例，静置后充分分离成皂基及皂脚两个皂相。上层皂基质地纯净，是制造洗衣皂、药皂、工业皂及香皂等的原料，它的脂肪酸含量与油脂配方、整理条件及静置时间有关。表 2-11 列出了一般香皂及洗衣皂的皂基质量指标要求。

表 2-11 香皂及洗衣皂的皂基质量指标要求

皂基类别	脂肪酸	游离氢氧化钠	氯根及游离氢氧化钠总量
香皂皂基(20％椰子油)	60％以上	0.20％以下	0.45％以下
洗衣皂皂基(无椰子油)	60％以上	0.30％以下	0.45％以下

下层皂脚色泽深、杂质多、脂肪酸含量仅 25％～35％，一般在下锅碱析时回用，但有时为改善皂基的色泽，可定期地割除部分或全部皂脚用于低一级的皂基中。皂基与皂脚之净脂肪酸质量比为（5～8）:1。在皂脚回用的情况下，皂基的得率一般为油脂量的 1.5 倍。整理对改善皂基的色泽很有效，因此有些煮皂操作采用二次整理。

整理工序的操作也在大锅中进行，并根据需要向锅中补充食盐溶液、碱液或水，使最终的皂基组成达到所需标准。整理好的皂胶在大锅中静置 24～40h，使其分为皂基和皂脚层。整理静置时温度应保持在 85～95℃，温度过高，皂基与皂脚分层快，但皂基的脂肪酸含量降低；温度过低，肥皂黏度过大，难以分离皂基与皂脚。

（2）连续煮皂法

沸煮法存在煮皂周期长、蒸汽耗量大以及劳动强度高的缺点，发达国家已普遍采用连续煮皂法，在工业上应用的有蒙萨冯法、麦促尼法、夏普尔法以及阿尔法-拉伐耳法等。

国内也有工厂采用阿尔法-拉伐耳法。阿尔法-拉伐耳"离心纯化"连续煮皂法是封闭的、全自动的。皂化温度可到 125℃，不仅能生产含脂肪酸 62％的皂基，还能生产 72％～73％以上的皂基，且质量明显优于大锅皂化法。全过程分为皂化、洗涤及整理三个阶段。它的工艺流程如图 2-4 所示。

① 皂化阶段。油脂及 28％烧碱液，分别通过过滤器 F11 及 F12 和加热器 H11 及 H12，由定量泵 PP11 及 PP12 输入皂化塔 C11。CL11 及 CL12 分别为油脂与碱液的恒压槽，目的是保证物料进入定量泵的压力恒定，并去除物料中的空气。加热器 H11 及 H12 均装有温度控制器，物料进入皂化塔的温度是恒定的。皂化塔的物料出口有一只恒压阀，保持塔中压力恒定。

皂化塔的示意如图 2-5 所示。P11 为循环泵，P12 为混合泵。皂化塔中肥皂的排出量与

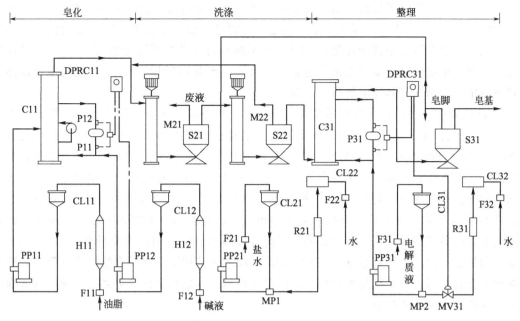

图 2-4 阿尔法-拉伐耳"离心纯化"连续煮皂法工艺流程图

循环量之比为 1∶4。塔内有大量的皂液存在，新加入物料始终可自皂化率 80% 开始皂化。油脂及碱液进入塔内即刻溶解在肥皂中，皂化立即在均相下进行，皂化反应速率很快。碱液由塔底进入，使塔底（a 段）肥皂中含有过量的碱。油脂从塔的中间（b 段）进入，通过混合泵 P12 的作用，使油与碱充分混合很快皂化，皂化反应主要在 b 段进行。在 b 段的皂化停留时间 2min，皂化率达到 99.8%。当肥皂离开塔顶时，皂化率可达到 99.95%，游离碱含量在 0.2% 左右。

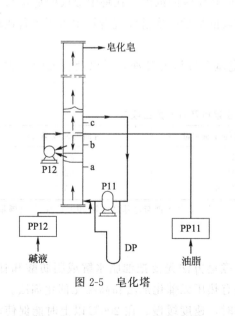

图 2-5 皂化塔

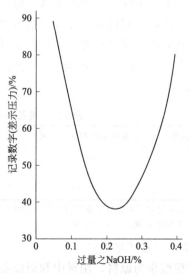

图 2-6 含 62% 脂肪酸的皂化皂的电解质含量与黏度曲线

碱液加入量的控制是通过"恒组分控制系统"，它是利用肥皂中电解质含量的变化所引起的黏度变化。如图 2-6 所示，当肥皂中电解质含量低时，肥皂非常稠厚，随着电解质含量增加，黏度下降，当过了最低点后，又迅速上升。图中肥皂的黏度由循环泵两端的差示压力 DP 来表示。油脂按所需的产量由定量泵固定一定的量，然后根据肥皂因碱量变化所引起的黏度变化，通过差压记录仪和控制器 DPRC11 不断地自动调节碱液定量泵 PP12。这种控制方法可使肥皂中过量碱含量的精确度达到 ±0.01%，比用 pH 计控制更优。此法也可以用于整理阶段中，控制盐等其他电解质的含量。

② 洗涤阶段。洗涤阶段根据需要可有 2～4 次的洗涤（图 2-4 为二次洗涤的工艺流程图）。洗涤是用盐水逆流洗涤。一定浓度的盐水通过过滤器 F21 及恒压槽 CL21 而至混合装置 MP1，与此同时加入一定量的水，将盐水调节到所需的浓度。水通过过滤器 F22、恒压槽 CL22 及转子流量计 R21 而至混合装置，与盐水混合，水量通过转子流量计调节。配成所需浓度的新鲜盐水通过定量泵 PP21，加至最后一次洗涤混合器 M22 中，逆流而到第一次洗涤混合器 M21 中，与皂化塔中流出的皂化皂相混合，经离心分离机 S21 分离出废液，流到废液池中，以备送往甘油工段回收甘油。经离心分离机 S21 分离出的肥皂再经 1、2 或 3 次洗涤，由最后一次洗涤的离心分离机 S22 分出，而进入整理塔。在所有的洗涤过程中，肥皂与盐水混合后，形成皂基相与废液相，不出现皂粒相，因皂粒会包含更多的废液而降低洗涤效果，因此盐水浓度的控制十分重要。

由于皂化塔中出来的皂化皂的游离碱含量达 0.2% 左右，又有皂脚套入最后一次洗涤中，因此废液中游离碱含量达 0.5% 左右，大大高于沸煮法。

③ 整理阶段。在整理塔 C31 中进行。一定浓度的整理电解质液经过过滤器 F31、恒压槽 CL31 而至混合装置 MP2，也加入一定量的水，调整到所需的浓度。水流经过滤器 F32、恒压槽 CL32、转子流量计 R31 及薄膜调节阀 MV31 而至混合装置。配成所需浓度的整理电解质液通过定量泵 PP31 加入。整理与皂化相同，也用"恒组分控制系统"来自动控制，在此加入的整理电解质液量不变，由循环泵 P31 两端的差示压力通过差压记录仪的控制器 DPRC31 来自动控制水的薄膜调节阀，调节整理电解质液的浓度。在塔中形成的皂基与皂脚两相，由离心分离机 S31 分开。皂脚回到洗涤阶段的最后一次洗涤混合器中为了改善成皂的色泽，可放出一部分皂脚，必要时也可全部放出。

阿尔法-拉伐耳"离心纯化"连续煮皂法的皂基和废液的甘油含量以及甘油的回收率见表 2-12。

表 2-12 皂基和废液的甘油含量以及甘油的回收率

洗涤次数	皂基中最高的甘油含量/%	废液中最低的甘油含量/%	甘油的回收率/%
2	0.95	11.3	86.0
3	0.50	12.2	92.5
4	0.30	12.6	95.5

注：表中结果是根据以下条件测出的：①投入的油脂中含 10% 甘油；②废液与皂基之比为 50：100；③皂脚量不超过 15%，皂脚回入最后一次洗涤中。

（二）脂肪酸中和法

脂肪酸作为原料，用碱中和而成肥皂。这种煮皂方法先要把油脂水解成脂肪酸和甘油。油脂水解方法很多，国内已引进的较先进的方法有热压无催化剂法和高温无催化剂法。

油脂水解速度取决于温度。油脂在低温水解时，速度缓慢。在 200℃ 以上时能促使水离解，生成更多的 H^+ 和 OH^-，成为油脂水解的催化剂。高温还增大了油在水中的溶解度（如 32℃ 时棉子油在水中的溶解度为 0.14%，250℃ 时为 20%），增大了油脂与水的接触面积，使油脂水解速度急剧增加。但温度过高，如超过 260℃，会引发油脂或甘油的裂解、聚合等副反应，使脂肪酸得率下降，色泽加深，气味加重。

热压无催化剂法可分为间歇法和连续法两种，间歇法的水解温度为 200～240℃，相应压力为 2～3.5MPa，进行两次水解后油脂水解率可达 95％以上，工艺流程如图 2-7 所示。将油脂、淡甘油水打入配料罐 T-1，混匀后用泵送入热压釜 C-1，通入 3.0MPa 直接蒸汽加热。当水解率达到 85％左右时，停止进入蒸汽，静置分去浓度为 15％的甘油水。油相进 T-1，配入新鲜水再返回 C-1 水解，至水解率达 95％以上。甘油水经降压器 S-1、中间分层锅 T-2、甘油水储罐 T-5，备送甘油回收车间。脂肪酸经分离器 S-1、分层器 T-2 最后进入储罐 T-4，备送中和工序。

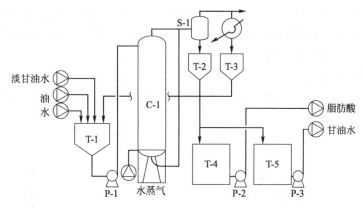

图 2-7　热压釜间歇分解工艺流程

热压无催化剂连续水解法是由 3 个热压釜串联，油脂和水在 3 个串联的热压釜系统中保持逆向流动，油脂进入热压釜 C-1，而新鲜水进入最后一只热压釜 C-3。甘油水从 C-1 釜底部进入分离器 S-1，再经闪蒸后进入储罐 K-1。脂肪酸从 C-3 顶部进入分离器 S-2，再入储罐 K-2。水解温度 230℃左右，压力 3.0MPa，水解率可达 96％～98％，甘油水浓度 12％～15％。热压无催化剂连续水解工艺流程参见图 2-8。

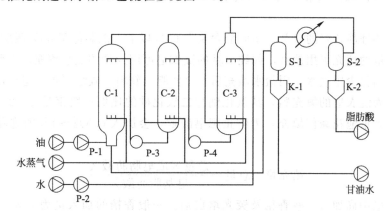

图 2-8　热压无催化剂连续水解工艺流程

单塔式高压无催化剂连续水解是目前世界上最先进的油脂水解方法，水解温度 250～260℃，压力 5.5～6.0MPa，停留时间 1～3h，水解率 98％～99％。油脂从塔底进入，水从塔顶进入，经分布器使水分散成微细液滴，与油脂逆流接触，逐步进行水解。水洗出甘油从塔釜排出浓度约 15％左右的甘油水，脂肪酸从塔顶引出。6.0MPa 高压蒸气分别从上、中、下三点进入水解塔，维持塔内 250℃ 的反应温度。

脂肪酸中和可用烧碱，也可用纯碱，但用烧碱比用纯碱简便。中和可用连续的方法，也可用间歇的皂化法进行。成皂的脂肪酸含量可达 60% 左右。用烧碱中和所用液碱中盐含量需加控制，否则过高后会影响成皂的质量。用纯碱中和由于在反应过程中，有二氧化碳放出，极易溢锅，且用纯碱中和脂肪酸，皂化率过高后，物料稠厚，操作困难，因此需特别注意。

二、典型皂类生产工艺

（一）洗衣皂生产工艺

洗衣皂即肥皂，我国目前生产的洗衣皂，由于脂肪酸含量不同可分为：填充洗衣皂，以泡花碱作填充，脂肪酸含量低于皂基；纯皂基洗衣皂，不加填充，纯皂基所制；高脂肪酸洗衣皂，皂基经过干燥，脂肪酸含量高于皂基。国内普遍采的生产工艺为冷板车工艺、真空冷却工艺、香皂工艺的研压皂工艺。

（1）冷板车生产工艺

冷板车生产工艺用于生产填充洗衣皂及不加填充的纯皂基洗衣皂，生产工艺流程如图 2-9 所示。

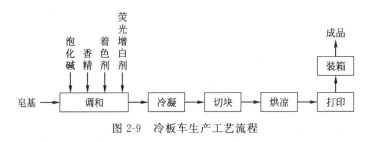

图 2-9 冷板车生产工艺流程

① 调和。调和用的设备通常称为调缸，是钢制可封闭的夹层圆锅，内有桨式或套筒式搅拌器。一般桨式搅拌器转速为 30～40r/min；套筒式搅拌器转速为 80r/min 左右。夹层中通以热水或蒸汽保温。调缸的容量视冷板车的容量而定，以比冷板车的容量大 1/3～1/2 为宜。

煮皂工段整理静置好的皂基，脂肪酸含量在 60% 以上，欲制低于 60% 脂肪酸的洗衣皂，需加填充。少量的填充可用盐水，如纯皂基的洗衣皂可用少量的盐水填充，以调节脂肪酸规格。大量填充则很少用盐水，因盐水填充后，会使肥皂软料，收缩严重，皂面出汗。目前广泛采用泡花碱为洗衣皂的填充料，其氧化钠与二氧化硅的比例一般都是 1:2.4。纯皂基的洗衣皂虽不加大量泡花碱作填充，为防止肥皂酸败，会加入 0.5%～1% 的泡花碱。填充量的计算：

$$填充量 = 总量 - \frac{总量 \times 成皂脂肪酸\%}{皂基脂肪酸\%}$$

优质洗衣皂中尚加入一些香精及荧光增白剂。一般香精的加入量为 0.3%～0.5%，荧光增白剂的加入量在 0.03%～0.2%。有些洗衣皂加着色剂，以黄色为多，也有加蓝色的。

肥皂在调缸中保持 70～80℃，调和的时间 15～20min。调和完毕，关闭调缸，打开进冷板车的阀门，通入压缩空气把肥皂压进冷板车。调缸中的压力控制在 0.15～0.20MPa，维持 25min 左右，为使冷凝后的皂片不致因收缩而有空头或瘪膛。然后关掉肥皂进冷板车的阀门，放去调缸中的压缩空气，再进行下一次的操作。

生产过程中所产生的废品及边皮有 10% 左右,可直接回入调缸中,也可卸入一只开口锅中用直接蒸汽熔化后,再加入调缸。这样用直接蒸汽熔化的重熔皂,脂肪酸含量较成皂低,由于加入重熔皂而带进水分,必须在填充量中扣除,否则成皂中水分太多,影响硬度。也有用闭口蒸汽来熔化返工肥皂的,这样就没有直接蒸汽熔化时水分增加的问题。

② 冷凝。肥皂的冷凝是在冷板车中进行的,由一台电动机驱动开关。每台冷板车有木框 60～65 只,冷板比木框多一块,在冷板车上第一块放冷板,以后木框与冷板相间而列,最后一块仍为冷板。冷板中有一条条横的隔板,使冷却水由下呈 S 形弯曲而上。冷板的底部有一孔,与冷板车的进皂阀门相通,肥皂由此孔通过冷板而进入各只木框。木框是冷凝肥皂的模框,上边有一条狭缝,当肥皂通过冷板底部的进皂孔进入木框时,由下而上垫满木框时,空气从狭缝中及时排出。为保证能耐 0.2MPa 的操作压力,木框外面四边用 T 形钢作框;木框里面四边衬有厚度为 3mm 的黄铜板,以使冷凝后的皂片易于脱出,而不致黏附在木框上。木框的内径及厚度根据肥皂质量、规格而确定,一般厚度在 32～37mm,每片肥皂质量在 22～24kg。

厚度 33mm 左右的木框,一般肥皂的冷凝时间为 45～50min,这与冷却水的温度、调缸中肥皂的温度以及肥皂的凝固点等有关。冷却水一般保持在 20℃ 以下较为适宜。夏季水温度超过 30℃,则肥皂的冷凝时间需要延长或提高肥皂的凝固点(也即肥皂的硬度)。

冷凝后从木框中取出皂片,堆放在小车上,一般堆放的高度为 20～22 片,送到切块机上进行切割。冷板进皂孔中的肥皂每次需要挖空备用,整个卸皂时间(包括冷板车的开和关)约为 10min。冷板车的生产操作周期一般为 1h。

③ 切块、烘凉和打印。由冷板车上取出的大块皂片,先在电动切块机上裁切成连皂。每次平放皂片两块,纵横切成一定尺寸的连状,随即通过翻皂机,把平放的连皂翻转 90°,直立于卧式烘房的帘子上,由运转的帘子把肥皂带到卧式烘房的尽头,由人工把肥皂放到打印机的输送带上,进行机动打印,速度为每分钟 100～120 块。在印模的字迹、图案上钻一些 ϕ1～1.5mm 的小孔,可使打印时印框中的空气及时排除,保证肥皂的印迹清晰。打好印的肥皂,随即装入箱中。

(2) 真空冷却生产工艺

真空冷却工艺生产洗衣皂是目前一些规模较大的工厂广为采用的方法,可使洗衣皂生产实现连续化,生产工艺流程如图 2-10 所示。

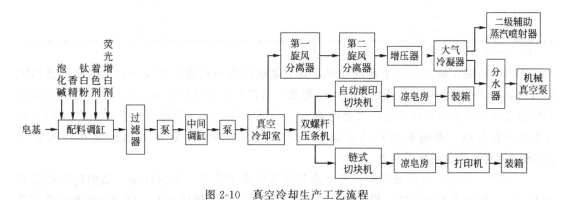

图 2-10　真空冷却生产工艺流程

① 配料。配料工序有两只调缸,一只用于配料,另一只用于中间储存。配料调节缸及中间调缸都是钢制敞口的夹层圆锅,内有桨式搅拌器,转速一般为 30～35r/min,夹层中通

蒸汽以保温。配料调缸的容量，以相当于真空冷却设备 1～2h 的产量为宜。中间调缸的容量需比配料调缸稍大，以能打入配料调缸中一缸料有余为宜。配料调缸配有一由电机提升可到调缸口的翻皂斗，便于把返工皂等倒入调缸中。皂用酸及其他脂肪酸的皂化也在调缸中进行。

真空冷却设备生产洗衣皂都用 1∶2.4 泡花碱作填充，一般填充中不加水稀释，否则会使成皂软烂，因此返工肥皂也都直接回入调缸中而不用直接蒸汽熔皂。

根据调缸中肥皂温度及真空冷却室中真空度的条件，肥皂在真空冷却室中冷凝的同时，会有 3%～5% 水分蒸发掉，因此欲生产含 53% 脂肪酸的洗衣皂，在调缸中肥皂脂肪酸含量配成 49% 左右。

真空冷却设备所生产出的洗衣皂略带透明，而洗衣皂所用油脂的色泽不可能很好，使肥皂显得深暗，因此加入 0.1%～0.2% 钛白粉，以减少肥皂的透明度，增加白度。

在配料调缸中皂用酸等脂肪酸与液碱先行皂化，再依次加入皂基、返工皂、泡花碱及钛白粉等，钛白粉先用水调成均匀的悬浮后加入。为了缩短配料的时间，在皂化皂用酸的同时，加入皂基及卸入返工皂，这样皂基量就按皂用酸皂、皂基及返工皂三者的总量计。

优质洗衣皂要加一些香精及荧光增白剂。一般香精的加入量为 0.3%～0.5%，荧光增白剂的加入量在 0.03%～0.2%。有些洗衣皂加着色剂，加的着色剂以黄色为多，也有加蓝色的。

每次配料完毕，化验一次脂肪酸及游离碱含量（游离氢氧化钠不超过 0.25%，以保证成皂游离氢氧化钠含量不超过 0.30%），符合要求后，可准备输出。

调缸中肥皂的温度在 70～95℃，通过过滤器及皂泵输到中间调缸中，再由皂泵把肥皂输进真空冷却室的空心转轴。

② 真空冷却。在真空冷却室中维持一定的真空度，肥皂进入真空冷却室后进行绝热蒸发，由肥皂带入的热量可蒸发其自身水分，使其冷却至该真空度时相应的水的沸点，干燥与冷却同时发生。此工艺也可以用作香皂皂基的干燥。

生产不同脂肪酸含量的洗衣皂所需的真空度可参考表 2-13。

表 2-13　生产不同脂肪酸含量的洗衣皂所需的真空度（以绝对压力表示）

洗衣皂脂肪酸含量/%	绝对压力/mmHg
53～56	15～35
60～65	25～45
72 左右	40～60

注：1mmHg＝133.322Pa。

生产脂肪酸含量 65% 以下的洗衣皂，真空系统需由一只增压器及一套二级辅助蒸汽喷射器组成的三级蒸汽喷射器或由一只增压器及一台往复式机械真空泵维持。与真空冷却室配套的是带夹套的双螺杆压条机，夹套内通 20℃ 以下的冷水。一般脂肪酸含量 65% 及以下的洗衣皂不宜多压，否则肥皂越研压越软烂，一次压条即可，且压条机的多孔挡板孔径 ϕ20mm 为宜，出条越畅快越好。

③ 切块、烘凉、打印及装箱。真空冷却设备压出的皂条，表面较黏，随即打印或装箱都不适宜，因此需进行烘凉。烘房有卧式的和立式的，卧式烘房基本上同前冷板车生产工艺中所述相似，前半段鼓入热空气，使肥皂表面进行干燥，后半段鼓入冷空气，便干燥后的肥皂再行冷却，但也有很多烘房只吹冷风，而不加热。压条机压出的连续皂条，可采用不同的

切块和打印方式。大多采用滚印机滚印，在皂条两面压出商标及厂名等字迹及图案，切块机切块后，装箱。

（二）香皂生产工艺

香皂的生产都采用研压工艺，工艺流程如图2-11所示。

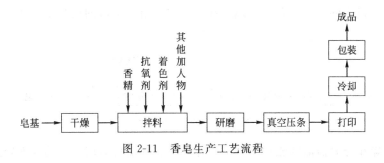

图2-11　香皂生产工艺流程

（1）干燥

由皂锅或连续煮皂设备所生产的皂基，其脂肪酸含量为62%～63%，相应的水分含量为30%～32%，因此欲制造脂肪酸含量80%的香皂，首先需将皂基进行干燥。目前国内有真空干燥、常压干燥两种方法。

① 真空干燥。目前规模较大的工业肥皂厂都已采用，工艺流程如图2-12所示。

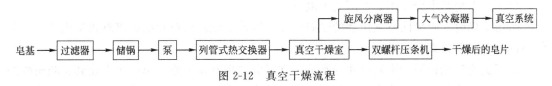

图2-12　真空干燥流程

工艺原理与真空冷却生产洗衣皂一样。肥皂在真空下，干燥与冷却是同时完成的，但单靠皂基带入的热量不足以将其干燥到所要求的水分，因此需在皂基进真空干燥室前先通过热交换器进行加热。

经过滤的皂基放入储锅，由泵输经一只或两只列管式热交换器，加热到160～170℃。出热交换器的肥皂进入真空干燥室的空心转轴，通过装于转轴上的喷头，把肥皂喷在真空干燥室的内壁，由安装在同一根空心转轴上的刮刀将干燥冷凝在内壁上的肥皂刮下，落入连在真空干燥室下面的一台双螺杆压条机中并挤压成直径为10mm左右的圆条，再由压条机螺杆带动的旋转刮刀把压出的圆条切成20～30mm长的短条，输入储斗供拌料用。

压条机压出的干燥后肥皂的水分为10.5%～12.5%，温度一般为50～55℃。压条机的冷却段中需通以温度不高于25℃的冷却水。真空干燥室中蒸发出的水蒸气，由机械真空泵或二级辅助蒸汽喷射器抽出。

由于真空干燥的肥皂不与空气接触，皂基中所含的游离碱，不会像热空气干燥时被空气中的二氧化碳转化成碳酸钠，因此真空干燥所得的皂片，其游离碱含量大大地高于热空气干燥。如果随即进行拌料，则对香皂的香气及色泽都有影响。一种解决方法是在煮皂过程中尽量降低皂基的游离碱含量，使皂基的游离氢氧化钠含量在0.05%以下，氯根含量在0.25%～0.31%，但如皂脚分离不净，可能使氯含量更高，给香皂的加工带来困难；另一种方法是拌料时在皂基中加入一定量的硬脂酸或椰子油酸，中和掉皂基中的一部分游离碱。一般加多硬脂酸，此法降低了肥皂中的总碱量（包括游离氢氧化钠及碳酸钠），易于保证质量。

但皂基的储锅需带有搅拌器和加硬脂酸的定量装置。另硬脂酸在拌料时加到固体的皂片也有问题，因加入的硬脂酸热液体冷后仍会硬结，虽经研磨粉碎成很小的颗粒，在洗用时仍可明显地感觉到。

② 常压干燥。设备比真空干燥简单，投资省、操作简便，无需控制真空，调换品种方便。消除了令人讨厌的皂粉问题，占地面积小，水、电、蒸汽的耗量少，工艺流程如图2-13所示。

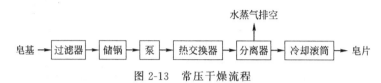

图 2-13　常压干燥流程

常压下干燥在分离器前的流程与真空干燥相仿。热交换器用板式的或列管式的，可一或两只串联起来。皂基在热交换器中受热而不断蒸发水分，最后以切线方向，喷入分离器中再进一步进行急骤蒸发，达到所要求的水分含量，然后落至分离器下面的冷却滚筒上，冷后由铲刀铲得皂片。

冷却滚筒有大小两只，大滚筒中通冷水，其直径较大，保证肥皂的冷却。小滚筒中通热水或蒸汽，使肥皂能均布于冷的大滚筒上。由分离器中分出的蒸汽直接排至屋外。分离器用蒸汽保温，以免其中分离出的水蒸气再凝下。

常压干燥时，肥皂同空气接触的时间极短，因此干燥后的皂片的游离碱含量也较高，其解决的方法同前述真空干燥。

为了更均匀地控制干燥后皂片的水分，常采取二次常压干燥，第一次干燥到含脂肪酸约72%，不进行冷却，由泵输进热交换器中进行二次干燥。也有常压干燥与真空干燥结合起来的干燥流程，皂基先进行常压干燥，干燥到含脂肪酸约72%，不进行冷却，由泵输进热交换器加热后，进入真空干燥室中进行二次干燥。

（2）拌料

根据不同香皂的要求，在香皂中需加入一些添加物。香皂的添加物分为液体和固体两类，拌料的目的是将皂基与添加物混合均匀。香皂的拌料在搅拌机中进行，最常用的为间歇拌料，是由输送器将皂片输入皂片斗中至一定量，把皂片放到搅拌机中再用人工加入配方要求的各种添加物。拌料时如皂片过干，可适量加入一些清水，搅拌时肥皂的水分控制在12.5%～14%。物料在搅拌机中搅拌3～5min后放出，到研磨机中进行研磨。香皂配方中通常加入的添加物有抗氧剂、香精、着色剂、杀菌剂、钛白粉等。

① 抗氧剂。肥皂由于它的脂肪酸部分会自动氧化，置久后酸败、变色，因此需加入一定量的抗氧剂。目前香皂中最常用的抗氧剂为泡花碱，其比例可以是1:2.4，偏碱性的；也可以是1:（3.3～3.6），中性的，由于香皂要求游离碱含量尽可能低，因此一般都加用后一种。所用泡花碱的加入量为肥皂量的1.0%～1.5%。也可用的是2,6-二叔丁基对甲基苯酚，用量0.05%～0.10%，同时需加0.1%～0.2%乙二胺四乙酸钠，后者不是抗氧剂，而是一种螯合剂，能螯合香皂中存在的能起自动氧化催化剂作用的微量铜、铁离子。2,6-二叔丁基对甲基苯酚不溶于水，是溶在香精中加入的。这类抗氧剂含有酚基或氨基，能与许多香料反应形成带色物质，因此选用时需根据不同的香精配方进行个别实验。

② 香精。用量为1%～2.5%，高级香皂，香精用量会增加，一般香皂的香精用量为

1%。香精是根据各种香型配成混合香精后加入，有些油溶性的加入物，如 2,6-二叔丁基对甲基苯酚等，也溶在香精中再加入。

③ 着色剂。香皂中所用的着色剂有溶于水的染料和不溶于水的有机颜料，品种很多，但要求色泽鲜艳、耐光、耐碱、耐热，在肥皂洗用时不会沾污衣物等。有机颜料配成悬浮液后加用，由于有机颜料的耐光、耐碱和耐热等性能好，因此现在都趋于采用这类有机颜料，如耐晒黄 G 和酞菁绿等。香皂根据色泽的要求，可加入一种或数种着色剂。能溶于水的染料制成溶液后，一般需用四层纱布进行过滤，以免未完全溶解的颗粒在制成的香皂中形成色点。如使用碱性玫瑰精作着色剂时，为防止在成皂中产生红点，溶解时宜先用少量冷水调成浆，再用开水溶解，然后用四层纱布过滤两次。用两种或两种以上染料拼色时，要注意不要把酸性染料如酸性皂黄与碱性染料如碱性玫瑰精混拼，否则会沉淀结块。有机颜料由于不溶于水，在水中成悬浮液，因此不进行过滤，在使用时需充分搅拌，以免发生沉淀而影响成皂的色泽。为使之成为稳定的悬浮液，需在其中加入适量的肥皂等分散剂。

④ 杀菌剂。随着对除臭及杀菌要求的提高，香皂中加入的杀菌剂在逐渐增加。常用杀菌剂为二硫化四甲基秋兰姆及 3,4,5-三溴水杨酰苯胺等，它们基本上不溶于水，都是粉末状加到皂片中，用量为 0.5%～1%。

⑤ 多脂剂。也称护肤剂，能中和香皂的碱性，减少对皮肤的刺激，又能防止香皂的脱脂作用，因此在使用加有多脂剂的香皂时有种滑润、舒适的感觉。多脂剂可以是单一的脂肪酸，如碘价较低的硬脂酸或椰子油酸；也可以由石蜡、羊毛脂、脂肪醇等配制成的多脂混合物，用量为 1%～5%。使用单一硬脂酸时，不宜直接加到皂片中，因会凝结成很硬的结晶，在洗用时有粗糙砂粒的感觉。应将这种多脂剂加到干燥的皂基中。

⑥ 钛白粉。对香皂起遮光作用，从而减少有色香皂的透明度，增加白色香皂的白度，钛白粉主要用于白色香皂中，但加入过多后，有使皂色"呆板"的弊病。一般用量为0.025%～0.20%，粉状加入。

（3）研磨

搅拌机中出来的加有各种添加物的香皂，需进一步通过研磨，以使混合均匀，同时也可借此改变香皂的品相，有利于 β-相的产生，而增加成皂的泡沫等。研磨工艺基本上都采用串联三台滚筒研磨机。每台研磨机有 3～4 只通以冷却水的滚筒，研磨后的皂温度在 35～45℃。研磨机滚筒的间隙可调节，以控制研磨后皂片的厚度在 0.2～0.4mm。研磨机各只滚筒的转速不同，研磨就靠两只滚筒间的转速和间隙不同。自加料到最后一只滚筒，转速逐只递增，皂片总是会被黏附在转速较快的一只滚筒上，最终完成研磨。

（4）真空压条

经研磨后的香皂随即输进真空压条机，进行真空压条。真空压条机由上、下两台压条机构成。中间有一个真空室。上压条机除有一定的研压作用外，主要是封住真空。下压条机的螺杆顶端一般也放多孔挡板，它的孔径为 6～15mm，不同的孔径是用于调节出条速度的，当出条速度慢时，可以用孔径较大的多孔挡板，甚至可以不用挡板。当出条速度过快时，可以用孔径较小的多孔挡板。使用的多孔挡板的孔径小，出条阻力大，压条机的研压作用大，反之则研压作用小。压出的皂条的中心温度一般为 35～45℃。

（5）打印、冷却和包装

压条机压出的热长条皂直接进入打印机中打印成型，无需在打印前先对皂条切块。打印后的香皂基本上是出条温度，高于室温，不能马上进行包装，否则会有冷凝水产生，使包装纸产生水渍。目前打印后的香皂都是先经过冷却，再进行包装。冷却方法有两种：一种是把打印后的香皂放在木盘中堆叠，室内自然冷却 16～24h；另一种是在装有多台鼓风机的冷却房中吊篮连续冷却，吹凉香皂，时间为 40～60min。对打印后香皂冷却的要求，一般不高于室温 0.5～2℃。香皂一般用蜡纸及外包纸两层包装，稍为高级一些的用蜡纸、白板纸及外包纸三层包装。

（三）透明皂生产工艺

透明皂按它的制法不同，可分为两大类。一类是加酒精、糖及甘油等加入物的称"加入物法"透明皂；另一类是不加酒精、糖及甘油等加入物，全靠研磨、压条来达到透明的，称"研压法"透明皂。"加入物法"制的透明皂与"研压法"制的透明皂相比，不但价格高，而且不耐用，更要消耗大量的酒精、糖及甘油，因此很少生产。"研压法"所制的透明皂虽然透明度不及"加入物法"，一般呈半透明，但价格低，且质量好。

透明皂与普通不透明皂的主要区别在于前者具有极小的结晶颗粒，这种结晶颗粒小得能使普通光线通过。透明皂是一种晶体，目前已为大家所公认。透明皂加热熔化后再冷却，变为不透明皂，这是由于形成了较大的结晶。

（1）"加入物法"透明皂

这种透明皂都采用热法制造，需用纯净的油脂作为原料，以保证成皂的色泽及透明度。常用的油脂有牛羊油、脱色的棕榈油、椰子油、棕榈仁油、蓖麻油及松香等。在所用的原料中应无钙质，在制造过程中如能使用软水，则更为合适。透明皂配方见表 2-14。

表 2-14　透明皂配方

原　料	1	2	3	4	5
牛羊油	100	80	40	50	52
椰子油	100	100	40	60	65
蓖麻油	80	80	40	58	13
氢氧化钠液（相对密度 1.357）	161	133	60	84	60～65
酒精	50	30	40	30	52～55
甘油	25		20		
糖	80	90	55	35	39
溶解糖的水量	80	80	45	35	

牛羊油及椰子油热到 80℃左右，经过滤器加到带有搅拌器的皂锅中。蓖麻油，特别是含有一些黏状物的毛油，如过热后会使色泽变深，因此宜与其他油脂分开放置，在准备加入碱液前加入。碱液与酒精混合在一起、在搅拌下以很快的速度加到油脂中，皂化时有酒精存在，能大大地加速皂化反应。皂锅是蒸汽夹层的控制锅，锅中物料温度不能超过 75℃。当皂化完全（取出一些样品溶解在蒸馏水中应清晰），停止搅拌，皂锅加盖放置一会。在另一只锅中把糖溶解在 80℃的热水中，去除糖液表面的泡沫备用。在搅拌下先把甘油加到皂锅中再加入热的糖液，将肥皂中的游离氢氧化钠含量控制在 0.15% 以下，再加盖放置，待肥皂温度降到 60℃时，加入香精及着色剂液，搅拌均匀后可把肥皂放出，进行冷凝。冷凝后的肥皂切成皂块，凉置一定时间后打印。打印好的肥皂，还需用吸有酒精的海绵或细布来轻擦皂体表面，以便达到满意的透明度，最后包装。这种透明皂，成皂的脂肪酸含量在 40%左右。

（2）"研压法"透明皂

国内生产的透明洗衣皂，绝大多数是用"研压法"加工制造的，采用香皂的加工工艺，成皂的脂肪酸含量在72%左右。油脂配方与香皂的相同，基本上是80%牛羊油及20%椰子油，也可根据油源情况，使用部分猪油、茶油、生油或硬化油（为保证硬化油的色泽好，一般都用色泽好的猪油、生油或茶油氢化）等。对油脂色泽的要求同一般的白色香皂，油脂的色泽越好，对成皂的透明度越有利。

透明皂由沸煮法制得皂基，再通过帘式烘房烘成皂片，皂片的水分控制不一（12%～20%），但拌料后肥皂的水分一般都控制在22%～24%，根据研磨的次数和室温等条件而变动。一般需研磨5～6次（通过一台三滚筒或四滚筒的研磨机算一次），研磨时肥皂的温度宜控制在40～42℃。因此在冬季研磨机中需通以热水。当研磨后肥皂的透明度符合要求时，真空压条、打印、冷却、蜡纸包装。

透明洗衣皂中一般也会加0.5%左右香精、1%～2%泡花碱（比例为1∶2.4或1∶3.36）作抗氧剂以及适量的荧光增白剂和皂黄。成皂的游离氢氧化钠含量控制在0.15%以下。

【实训项目】　透明皂的制备

（1）原理

透明皂以牛羊油、椰子油、蓖麻油等含不饱和脂肪酸较多的油脂为原料，与氢氧化钠溶液发生皂化反应，反应式如下：

$$
\begin{array}{l}
CH_2OOCR^1 \\
| \\
CHOOCR^2 + 3NaOH \longrightarrow \\
| \\
CH_2OOCR^3
\end{array}
\begin{array}{l}
CH_2OH \quad\quad R^1COONa \\
| \\
CHOH + R^2COONa \\
| \\
CH_2OH \quad\quad R^3COONa
\end{array}
$$

反应后不用盐析，将生成的甘油留在体系中增加透明度。然后加入乙醇、蔗糖作透明剂促使肥皂透明，并加入结晶阻化剂有效提高透明度。可制得透明、光滑的透明皂，作为皮肤清洁用品。

（2）配方（见表2-15）

表2-15　配方

组　　成	质量分数/%	组　　成	质量分数/%
牛油	0.14	结晶阻化剂	0.03
椰子油	0.14	30%NaOH溶液	0.22
蓖麻油	0.11	95%乙醇	0.07
蔗糖	0.11	甘油	0.05
蒸馏水	0.13	茉莉香精	少许

（3）步骤

① 用托盘天平于250mL烧杯中称入30%NaOH溶液20g、95%乙醇6g和结晶阻化剂2g，混匀备用。

② 同样，另取一50mL烧杯，称入甘油3.5g、蔗糖10g、蒸馏水10mL，搅拌均匀，预热至80℃，呈透明溶液，备用。

③ 在400mL烧杯中依次称入牛油13g、椰子油13g，放入75℃热水浴混合熔化，如有杂质，应用漏斗配加热过滤套趁热过滤，保持油脂澄清。然后加入蓖麻油10g（长时间加热易使颜色变深），混溶。快速将①烧杯中物料加入③烧杯中，匀速搅拌1～1.5h，完成皂化反应（取少许样品溶解在蒸馏水中应呈清晰状），停止加热。

④ 将②中物料加入反应完的③烧杯，搅匀，降温至60℃，加入茉莉香精，继续搅匀后，

出料，倒入冷水冷却的冷模或大烧杯中，迅速凝固，得透明、光滑透明皂。

【思考题】

1. 简述日用化学品的范畴及特点。

2. 简述日用化学品的发展概况。

3. 简述洗涤剂的去污原理。

4. 简述洗涤剂的配方组成。

5. 简述表面活性剂种类及特征。

6. 定义：表面张力、HLB 值、Krafft 点、协同（增效）效应。

7. 简述洗涤剂中助剂的主要作用。

8. 简述洗涤剂中表面活性剂的选择与复配原则。

9. 简述表面活性剂的选择原则。

10. 简述表面活性剂的复配原则。

11. 简述洗衣皂、香皂的配方组成及生产工艺。

12. 皂用油脂的选用原则是什么？

13. 如何调整配方控制肥皂质量问题？

14. 简述皂基的制备方法。

15. 简述阴离子、阳离子、非离子、两性离子表面活性剂的结构特征，举例说明其性质与用途。

项目三 胶黏剂应用配方与制备

教学情境一
胶黏剂产品配方与制备方案构思与设计

任务一 白乳胶、改性白乳胶配方与制备资料查询与方案设计

【任务介绍】

　　某胶黏剂生产企业的技术开发中心正在开发胶黏剂新产品，需要数名精化专业高职院校毕业生作项目助理，在项目主管的指导下，学习胶黏剂产品相关理论知识，在资料查询、搜集、整理、归类、吸收、利用等工作任务基础上，完成胶黏剂新产品开发设计方案，并提交研发报告构思部分、方案设计部分的内容。

【任务分析】

　　1. 能登陆知网查询白乳胶、改性白乳胶原理、配方、实验室制备、实验仪器、实验步骤、注意事项、发展趋势等文献；

　　2. 能整理、归类、吸收、利用查询、搜集的相关文献资料；

　　3. 知晓胶黏剂概况、胶黏剂分类方法、应用前景、发展趋势；

　　4. 知晓胶黏剂配方设计的基本步骤、配方组成及释义；

　　5. 熟知胶黏剂胶接的基本原理、表面的润湿、黏附机理；

　　6. 熟知胶黏剂配方设计原则、提高胶黏剂强度的方法；

　　7. 依据胶黏剂的胶接基本原理、配方组成，作配方原理设计；

　　8. 依据基料特征与种类，作配方主体结构设计；

　　9. 依据助剂种类及作用，作配方优化设计；

　　10. 依据胶黏剂强度提高的方法，作配方增效设计；

　　11. 依据配方设计，能设计可行的实验方案；

　　12. 能撰写产品研发报告构思部分、方案设计部分相关内容。

【任务实施】

主要任务	完 成 要 求	地 点	备注
1. 查阅资料	1. 能登陆知网查询白乳胶、改性白乳胶原理、配方、实验室制备、实验仪器、实验步骤、注意事项、发展趋势等文献； 2. 能整理、归类、吸收、利用查询、搜集的相关文献资料	构思设计室	

续表

主要任务	完　成　要　求	地　点	备注
2. 总结胶黏剂的特性、原理、种类、原则	1. 知晓胶黏剂概况、胶黏剂分类方法、应用前景、发展趋势； 2. 知晓胶黏剂配方设计的基本步骤、配方组成及释义； 3. 熟知胶黏剂胶接的基本原理、表面的润湿、黏附机理； 4. 熟知胶黏剂配方设计原则、提高胶黏剂强度的方法	构思设计室	
3. 配方构思、设计	1. 依据胶黏剂的胶接基本原理、配方组成，作配方原理设计； 2. 依据基料特征与种类，作配方主体结构设计； 3. 依据助剂种类及作用，作配方优化设计； 4. 依据胶黏剂强度提高的方法，作配方增效设计； 5. 依据配方设计，能设计可行的实验方案	构思设计室	
4. 企业参观、实践	1. 胶黏剂生产厂； 2. 胶黏剂营销企业	相关企业、公司	

【任务评价】

主要任务	完　成　要　求	分值	得分
1. 查阅资料	1. 能登陆知网查询白乳胶、改性白乳胶原理、配方、实验室制备、实验仪器、实验步骤、注意事项、发展趋势等文献； 2. 能整理、归类、吸收、利用查询、搜集的相关文献资料	20	
2. 总结胶黏剂的特性、原理、种类、原则	1. 知晓胶黏剂概况、胶黏剂分类方法、应用前景、发展趋势； 2. 知晓胶黏剂配方设计的基本步骤、配方组成及释义； 3. 熟知胶黏剂胶接的基本原理、表面的润湿、黏附机理； 4. 熟知胶黏剂配方设计原则、提高胶黏剂强度的方法	20	
3. 配方构思、设计	1. 依据胶黏剂的胶接基本原理、配方组成，作配方原理设计； 2. 依据基料特征与种类，作配方主体结构设计； 3. 依据助剂种类及作用，作配方优化设计； 4. 依据胶黏剂强度提高的方法，作配方增效设计； 5. 依据配方设计，能设计可行的实验方案	30	

主要任务	完 成 要 求	分值	得分
4. 企业调查、参观	1. 胶黏剂生产厂； 2. 胶黏剂营销企业	10	
5. 学习、调查报告	1. 能撰写胶黏剂配方产品研发报告的分类、用途、原理、配方、实验室制备、实验仪器、实验步骤、注意事项、现状及发展趋势部分； 2. 能撰写胶黏剂产品研发报告构思部分、方案设计部分内容	20	

【相关知识】

胶黏剂又称黏合剂，是使同种或不同种的固体材料黏结为一体的媒介材料。在两个被粘物面之间胶黏剂只占很薄的一层体积，但使用胶黏剂完成胶接施工之后，所得胶接件在力学性能和物理化学性能方面，能满足实际需要的各项要求，能有效地将物料粘接在一起。用胶黏剂连接两个物体的连接技术称为黏结技术。

胶黏剂是以树脂（基料）为主剂，配合各种固化剂、增塑剂、稀释剂、填料以及其他助剂等配制而成。最早使用的胶黏剂大都来源于天然的胶黏物质，如淀粉、糊精、鱼胶等，一般用水作溶剂，通过加热配制而成。由于其组分单一，不能适应多种用途的要求，当今使用的胶黏剂大多以合成高分子化合物为主要组分，制成的胶黏剂具有良好的胶黏性能，可供多种场合使用，应用范围日益广泛。

一、胶黏剂的分类

胶黏剂品种繁多，配方组成各异，至今尚无统一的分类方法，一般习惯于按其化学组成、剂型形态、用途和应用方法来分类。

（1）按主要化学成分分类

以无机化合物为基料的称无机胶黏剂，以聚合物为基料的称有机胶黏剂，其中有机胶黏剂又分为天然胶黏剂与合成胶黏剂两大类，见表3-1。

表 3-1　胶黏剂分类

无机胶黏剂	磷酸盐类		磷酸-氧化铜等
	硅酸盐类		水玻璃、硅酸盐水泥等
	硫酸盐类		石膏等
	硼酸盐类		熔接玻璃等
	陶瓷类		氧化铝、氧化锆等
	低熔点金属类		锡、铅等
有机胶黏剂	天然胶黏剂	动物胶	皮胶、骨胶、虫胶、酪素胶、血蛋白胶、鱼胶等
		植物胶	淀粉、糊精、松香、天然树脂胶、天然橡胶等
		矿物胶	矿物蜡、沥青等
	合成胶黏剂	合成树脂型　热塑性	纤维素酯、烯类聚合物、聚酯、聚醚、聚酰胺、聚丙烯酸酯等
		合成树脂型　热固性	环氧树脂、酚醛树脂、脲醛树脂、呋喃树脂、环氧酸树脂等
		合成橡胶型	氯丁橡胶、丁苯橡胶、丁基橡胶、丁腈橡胶、异戊橡胶、聚硫橡胶等
		复合型	酚醛-丁腈胶、酚醛-氯丁胶、酚醛-聚氨酯胶、环氧-丁腈胶等

（2）按剂型形态分类

根据胶黏剂外观形态上的差异，人们常将胶黏剂分为以下五种类型。

① 溶液型。合成树脂或橡胶在适当的溶剂中配成有一定黏度的溶液，目前大部分胶黏剂是这一形式。

② 乳液型。合成树脂或橡胶分散于水中，形成水溶液或乳液。这类胶黏剂因为不存在污染问题，所以发展较快。

③ 膏状或糊状型。将合成树脂或橡胶配成易挥发的高黏度的胶黏剂，主要用于密封和嵌缝等方面。

④ 固体型。一般是将热塑性合成树脂或橡胶制成粒状、块状形式，加热时熔融涂布，冷却后固化，也称热熔胶。这类胶黏剂的应用范围广泛，常用在道路标志、奶瓶封口或衣领衬里等。

⑤ 膜状型。将胶黏剂涂布于各种基材（纸、布等）上，呈薄膜状胶带，也可以直接将合成树脂或橡胶制成薄膜使用。

（3）按用途分类

① 结构用途。结构胶强度高、抗剥离、耐冲击、施工工艺简便。能长期承受较大负荷，有良好的耐热、油、耐水性能等。如酚醛-缩醛胶、酚醛-丁腈、环氧-丁腈、环氧-酚醛胶等，大多为热固性树脂胶。

② 非结构用途。非结构胶强度较低、耐久性差，随着温度上升粘接力迅速下降，用于普通、临时性质的粘接、密封、固定。如聚乙酸乙烯酯、聚丙烯酸酯、橡胶类、热熔胶、虫胶、沥青、聚氨酯胶等，大多为热塑性树脂胶。

③ 特殊用途。供某些特殊场合使用，如导电、导热、光敏、应变、医用、超低温防腐、水下、高温应用的胶黏剂。

（4）按应用方法分类

① 溶剂型。溶剂从粘接面挥发或由被粘物吸收，形成粘接膜而产生粘接力，是一种物理可逆过程。如：氯丁橡胶、再生橡胶、丁苯橡胶、氰基橡胶等胶黏剂。

② 热熔型。以热塑性高分子聚合材料为主要成分，不含水或溶剂的粒状、块状、棒状固体聚合物，通过加热熔融粘接，随后冷却固化产生粘接力。如：聚乙酸乙烯、醇酸树脂、聚苯乙烯、聚丙烯酸酯等胶黏剂。

③ 反应型。在主体化合物中加入催化剂，由不可逆的化学反应引起固化并产生粘接力。按配制方法和固化工艺条件，可分为单组分、双组分，以及室温固化、加热固化等形式。如环氧树脂、不饱和聚酯、氰基丙烯酸酯、聚氨酯等胶黏剂。

④ 压敏型。只需施以一定压力即能粘接且不固化。如橡胶型、丙烯酸类、有机硅类以及聚氨酯类的溶液或乳液，涂覆于基材制成的压敏胶带。

二、胶黏剂的黏附机理

（一）胶接的基本原理

胶接接头是依靠胶黏剂与被粘物表面依靠黏附作用形成的，在应力和环境作用下会逐渐发生破坏。但是，对于胶接接头是怎样形成的，又是怎样破坏的，至今尚没有成熟的理论。被粘物表面及其与胶黏剂之间的界面极其复杂，如图3-1所示，胶接界面由被粘物表面（金属氧化物）及其吸附层（如空气、水等杂物）和靠近被粘物表面的底胶或胶黏剂组成。

为了达到较强的粘接强度，分子间要紧密接触，要具备三个条件：

① 液体的接触角为0°（或接近0°）；

② 黏度要低；

③ 驱除被粘物接头间所夹的空气。

形成的胶接界面具有下列特性：

① 界面中胶黏剂或底胶和被粘物表面以及吸附层之间无明显边界；

② 界面的结构、性质与胶黏剂、底胶、被粘物表面的结构、性质均不同（这些性质包括强度、模量、膨胀性、导热性、耐环境性、局部变形等）；

③ 界面的结构和性质是变化的，随物理的、力学的和环境的作用而变化，也随时间而变化。

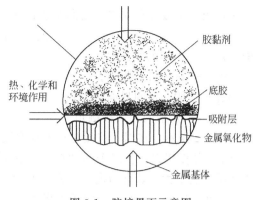

图 3-1　胶接界面示意图

胶接界面的结合包括物理结合和化学结合。物理结合指机械连接及范德华力，化学结合指共价健、离子键和金属键等化学键，如表 3-2 所示。

表 3-2　各种原子-分子作用力的能量

类型	作用力种类	原子间距离/nm	能量/(kJ/mol)
范德华力	偶极力	0.3～0.5	<21
	诱导偶极力	0.3～0.5	<21
	色散力	0.3～0.5	<42
	氢键	0.2～0.3	<50
化学键	离子键	0.1～0.2	590～1050
	共价键	0.1～0.2	63～710
	金属键	0.1～0.2	113～347

从表中看出，化学结合比物理结合的能量要大得多，但形成化学键必须满足一定的条件，并不是胶黏剂与被粘物的每个接触点都能成键，而物理结合基本上是整个接触面的作用。因此，人们认为化学键的存在不会改变界面结合总能量的数量级。

（二）胶黏剂对被粘物表面的润湿

形成优良胶接接头的必要条件是胶黏剂对被粘物表面良好的润湿。所谓润湿，就是液态物质在固态物质表面分子间力作用下均匀分布的现象，不同液态物质对不同固态物质的润湿程度并不相同。日常生活中我们经常看到，水在荷叶表面呈球状，很容易就从荷叶上掉落下来却不留任何痕迹；油在钢铁表面呈膜状，想要完全从钢铁表面去掉油膜是很不容易的。前者就是润湿程度小的例子，后者即润湿程度大的例子。

液体在固体表面上的润湿状况如图 3-2 所示，首先了解液体与固体润湿的一般情况。液体在固体表面润湿的程度可以用接触角 θ 来衡量，θ 角越小，润湿程度越好，$\theta=0°$ 时，液体能在表面上自发展开，固体表面被完全润湿；$0°<\theta<90°$ 时，表面呈润湿状态；$\theta>90°$ 时，为不润湿状态。

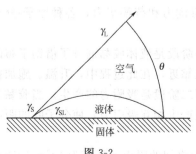

图 3-2

液体对固体表面的润湿程度主要取决于表面张力

的大小，当一个液滴在固体表面润湿达到热力学平衡时应满足以下方程：

$$\gamma_S = \gamma_{SL} + \gamma_L \cos\theta \qquad (3-1)$$

式中　γ_S——固体表面张力；

　　　　γ_L——液体表面张力；

　　　　γ_{SL}——固、液间界面张力；

　　　　θ——固-液间界面接触角。

如图 3-2 所示，在固、液接触点上存在液体表面张力 γ_L、固体表面张力 γ_S 和固-液界面张力 γ_{SL} 三种作用力。若三个力的合力使接触点上的液滴向左方拉，则液滴扩大，θ 变小，固体润湿程度变大；若合力向右，则 θ 变大，固体润湿程度变小。根据式（3-1）得出：

$\gamma_S > \gamma_{SL} + \gamma_L \cos\theta$ 时，润湿程度增大；

$\gamma_S < \gamma_{SL} + \gamma_L \cos\theta$ 时，润湿程度减小；

$\gamma_S = \gamma_{SL} + \gamma_L \cos\theta$ 时，液滴静止。

得出结论，表面张力小的物质能很好地润湿表面张力大的物质，而表面张力大的物质不能润湿表面张力小的物质。

以上讨论了液体在固体表面润湿的热力学问题，而有时热力学允许的情况下，液体却不能发生润湿，这就涉及润湿发生的动力学原因，在这里不再做详细介绍。

（三）黏附机理

以上讨论了取得胶接接头的第一步，即胶黏剂和被粘物界面分子间的紧密接触，而胶黏剂的黏合力取决于胶黏剂的内聚力和被黏合材料的强度以及胶黏剂和被黏合材料的黏合力，这种内聚力和黏合力主要受胶黏剂与被粘物之间分子内部结构的影响。目前，主要有四种理论解释黏结力产生的机理，机械结合理论吸附理论，扩散理论、双电层理论等。每一种理论都只分别强调了某一种作用情况，而作用的大小随黏合剂体系的不同而不同。显然，了解和掌握这几种黏合理论对胶黏剂配方设计会有很大帮助。在胶黏剂配方设计中应根据黏合剂的分子结构特点，运用这些理论对配方设计进行指导。

（1）机械结合理论

任何物体的表面即使用肉眼看来十分光滑，但经放大后，表面仍会十分粗糙，遍布沟壑，有些表面还是多孔性的。本理论认为黏结力的产生主要是由于胶黏剂在被粘物表面形成机械互锁力的原因，胶黏剂渗透到被粘物表面的凹凸或孔隙中，固化后就像许多小钩和榫头似地把胶黏剂和被粘物连接在一起。这种微观机械结合在多孔性表面上更加明显。当表面孔隙里存有空气和水蒸气时，黏度高的胶黏剂不可能把这些空隙完全填满，界面上这种未填满空隙将成为缺陷部分，破坏往往从这里开始。但是这种理论无法解释非多孔性的平滑表面黏结力的产生。

（2）吸附理论

放大到分子层面来看，吸附理论认为正是由于胶黏剂分子与被粘物表面原子或分子之间产生的相互作用力而产生了胶接，这种相互作用力包括氢键力和范德华力，各种原子-分子作用力的能量见表 3-2。

胶黏剂分子被粘物表面分子作用包括两个阶段：第一阶段是液体胶黏剂分子借助于布朗运动向被粘物表面扩散，使两界面的极性基团或链节相互靠近，在此过程中，升温、施加接触压力和降低胶黏剂黏度等都有利于布朗运动的加强。第二阶段是吸附力的产生。当胶黏剂与被粘物分子间的距离达到一定程度时，界面分子之间便产生相互吸引力，使分子间的距离进一步缩短而处于最大稳定状态。

计算结果显示，当两个理想平面距离为 1nm 时，它们之间的吸引力强度为 $10^2 \sim 10^3 \mathrm{kg/}$

cm^2；距离为 $0.3 \sim 0.4nm$，吸引力可达 $10^3 \sim 10^4 kg/cm^2$，这个强度已经远远超过了现代做好的结构胶黏剂能达到的强度，因此，也有人认为只要两个物体接触得很好，仅靠色散力的吸引力就足以产生很高的粘接强度。但是，这也只是理想状况，在两个物体都是固体的情况下，实际粘接强度与理论计算相差很大，这是因为固体的力学强度是一种力学性质，而不是分子性质，其大小取决于材料的每一个局部性质，而不等于分子作用力的总和。

胶黏剂的极性太高，有时候会严重妨碍润湿过程的进行而降低粘接力。分子间作用力是提供粘接力的因素，但不是唯一因素。在某些特殊情况下，其他因素也能起主导作用。

（3）扩散理论

该理论是以胶黏剂与被粘物在界面处相容为依据提出的，认为胶黏剂与被粘物分子之间不仅是相互接触，而且有扩散作用。聚合物之间黏合力的主要来源是扩散作用，即两聚合物端头或链节在接触表面相互扩散，最终导致界面的消失和过渡区的产生，从而达到粘接，前提是被粘物全界面上分子运动的程度要高，且有足够的相容性。也就是说粘接是在过渡区中进行的，而不是表面现象。一般来讲，胶黏剂与被粘物两者的溶解度参数越接近，粘接温度越高，时间越长，其扩散作用也越强，由扩散作用导致的粘接力也越高。这种理论最适合聚合物之间的粘接，解释了聚合物粘接的一些现象，但却无法解释聚合物材料与金属、玻璃或其他硬体胶黏，因为聚合物很难向这类材料扩散。

（4）双电层理论

受到胶膜从被粘物全表面剥离时产生的放电现象的启示，认为胶黏剂与被粘接材料接触时，在界面两侧会形成双电层，黏附力则主要由双电层的静电吸引力引起，若被粘物是平面，根据平行板电容器所储存的能量计算黏附功 W_A：

$$W_A = \frac{2\pi\delta^2 h}{D}$$

式中　δ——电荷密度；

　　　D——介电常数；

　　　h——平行板电容器间的距离。

在聚合物膜与金属粘接等方面，静电理论占有一定的地位，但不能解释导电胶的作用和非极性黏合等。

有的还提出了化学键理论，弱的边界层理论。总之，现有的几种理论都不尽完善，完整的黏合理论有待于在胶黏剂的应用、开发和研究中继续探讨。

三、胶黏剂配方组成和释义

一般的，构成胶黏剂配方的主要成分有基料、固化剂、稀释剂、增塑剂、填料、偶联剂、引发剂、促进剂、增稠剂、防老剂、阻聚剂、乳化剂、光敏剂、消泡剂、防腐剂、稳定剂、络合剂等。但应当知道在上述诸多组分中除基料为必要组成外，其他组分均视具体性能要求和使用工艺等条件合理取舍。

（1）基料

亦称黏料，即主体高分子材料，是起粘接作用的根本成分，粘接接头性能主要受基料性能的影响。常用的基料有：天然聚合物、合成聚合物和无机化合物三大类。其中常用的合成聚合物有合成树脂（环氧树脂、酚醛树脂、聚酯树脂等）及合成橡胶（氯丁橡胶、丁腈橡胶等）；常用的无机化合物有硅酸盐类、磷酸盐类等。

（2）固化剂

亦称硬化剂、熟化剂，是胶黏剂配方中最主要的配体材料，它可以直接或借助催化剂与主体黏合物进行反应，使单体或低聚物通过化学反应生成高分子化合物。按被固化对象不同可分为物理固化和化学固化。物理固化主要是依靠溶剂挥发、乳液凝聚等，而化学固化实质是固化剂与低分子化合物发生化学反应得到大分子化合物。对某些胶黏剂（如环氧树脂）来说，固化剂是必不可少的组分，且固化剂的种类和用量对胶黏剂的性能及工艺性有直接影响。因此，要慎重选择固化剂，并且严格控制其用量。

（3）稀释剂

有些胶黏剂需使用溶剂达到被分散为均一体系的液体，在胶黏剂配方中常用的溶剂多是低黏度、易流动的液体物质。稀释剂可以使胶黏剂有很好的渗透力，从而改善其工艺性能。稀释剂可以分为活性稀释剂和非活性稀释剂两种。活性稀释剂含有活性基团，能参与固化反应，多用于环氧型胶黏剂中；非活性稀释剂没有活性基团，不参与反应，仅起到降低黏度的作用。在胶黏剂固化时有气体逸出，它会增加胶层收缩率，对力学性能、热变形温度等都有影响，多用于橡胶基、酚醛基和环氧胶黏剂等。

使用时要注意合理选择挥发速度适当的溶剂。挥发太慢会拖延粘接时间，影响工程速度；挥发太快会使胶液表面结膜，导致膜下的溶剂来不及挥发掉，另外，挥发过程是吸热的，速度太快使膜表面温度降低，凝结产生的水汽也要影响粘接质量。溶剂的用量依不同胶黏剂而不同，最大用量可达树脂质量的40%。一些常见溶剂的挥发速度见表3-3。

表3-3　常见溶剂挥发速度对照表

溶　剂	沸点/℃	挥发速度(25℃)/(min/5mL)	溶　剂	沸点/℃	挥发速度(25℃)/(min/5mL)
乙酸乙酯	77.1	10.5	苯	78.1	12～15
乙酸丁酯	126.1	65	甲苯	110.6	36
乙酸戊酯	149.3	90	二甲苯	138.3～144.4	81
乙醇	78.4	32	松节油	154～159	450
丙酮	56	5	松香水	150～240	400～450

（4）增塑剂

增塑剂可以增进固化体系的塑性，降低高分子化合物玻璃化温度和熔融温度，提高胶膜弹性且改进耐寒性。按其作用分为两类：内增塑剂和外增塑剂。内增塑剂是指可以与高分子化合物发生化学反应的物质，如聚硫橡胶、液体丁腈橡胶、不饱和聚酯树胶等；外增塑剂即不与高分子化合物发生任何化学反应的物质，如各种酯类等。

增塑剂选择时要求具有一定的持久性，防止其在使用过程中由于挥发、渗出等原因损失掉。另外，虽然增塑剂可以增加高分子化合物的韧性、延伸率和耐寒性等诸多优点，但使用中仍要严格控制其用量，加入量过多反而有害。增塑剂对环氧树脂粘接强度的影响，见表3-4。

表3-4　增塑剂对环氧树脂粘接强度的影响

增塑剂	用量/(g/100g 树脂)	剪切强度(Al)/MPa	不均扯强度(Al/Al)/(N/m)
磷酸二甲酚酯	无	12.25	50
	10	14.50	85
	20	15.68	100
	30	12.74	90
邻苯二甲酸二丁酯	10	13.72	83
	20	16.17	105
液体丁腈橡胶	20	21.56	250

（5）填料

填料其实并不和主体材料作用，但却可以改变胶黏剂的性能，降低成本。在胶黏剂中适当地加入填料可以起到提高导电性，提高胶层形状稳定性，改变胶液流动性和调节黏度以及改善耐水性等作用。但也有一些负面影响，例如加入填料增加了黏度不利于涂布施工，丧失了透明度容易造成气孔缺陷，增加了强度从而降低了耐冲击性能等。

（6）偶联剂

偶联剂又称为表面处理剂，特点是分子中同时具有极性和非极性基团，可分别与胶黏剂分子和被粘物全反应，起"架桥"作用以提高粘接强度、增加胶层与粘接表面抗脱落和抗剥离力。使用最多的是硅烷偶联剂，其反应机理如下：

$$R\text{-}CH\text{-}CH\text{-}HN\text{-}CH_2\text{-}Si\underset{OC_2H_5}{\overset{OC_2H_5}{\text{-}OC_2H_5}} + OH\text{-}Si\text{-}O\text{-} \longrightarrow R\text{-}CH\text{-}CH_2\text{-}HN\text{-}CH_2\text{-}Si\underset{OC_2H_5}{\overset{OC_2H_5}{\text{-}O}}\text{-}Si\text{-}O\text{-}$$

具体施工时，使用偶联剂的方式有两种：①将偶联剂配成 $1\% \sim 2\%$ 的乙醇液，使用时涂在清洁的被粘物表面干燥后即可上胶，改善了被粘物表面性能，增加了粘接强度；②直接将 $1\% \sim 5\%$ 的偶联剂加到基体中去，依靠分子的扩散作用，迁移到界面处。

（7）其他辅助材料

引发剂，指一定条件下能分解产生自由基的物质，一般含有不饱和键的化合物如不饱和聚酯胶、厌氧胶、光敏胶等都加入了某些引发剂。

防老剂，是一种延缓高分子化合物老化的物质，有些胶黏剂需要在高温、暴晒下使用，很容易老化变质，因此，一般在配胶时都加入少量防老剂。

阻聚剂，可以阻止或延缓胶黏剂中含有不饱和键的物质、单体在储存过程中自行交联，常用的有对苯二酚。

光敏剂，也称光引发剂，能够吸收一定波长范围内的紫外线，将能量传递给那些不能吸收光子的分子，是光学光敏胶、光刻胶等的重要组分。

消泡剂，也称抗泡剂，能消灭泡沫或阻止泡沫产生的一种物质。泡沫的出现会给涂布胶黏剂带来一定困难，使胶层出现气孔从而影响粘接效果，使用良好的消泡剂既能消泡又能抑制泡沫出现。

防腐剂，具有抑制、杀灭微生物、霉菌的作用，对金属具有防止腐蚀作用的药品也称防腐剂。使用淀粉、骨胶、天然乳胶等制作的水性胶黏剂中微生物、霉菌容易滋生，使胶液变质，必须适当加入防腐剂保证胶液质量。另外，含有强度较高的酸或碱成分的胶黏剂会腐蚀金属，也可以加入防腐剂防止金属被腐蚀。

四、胶黏剂配方设计原则

胶黏剂配方设计应遵循以下基本原则：

① 满足被粘物使用环境和使用功能要求。即根据应用环境条件、应用功能，选择性能合适的原材料并进行合理的配方设计。

② 满足胶黏剂产品和被粘物设计性能要求。即满足胶黏剂的形态、黏度、胶层厚度、固化条件、粘接性能等设计要求；满足被粘物以连接和密封为主要目的的设计性能。

③ 满足施用工艺要求。即在配方设计和选择各组分时，充分考虑到施用工艺的限制因素，配制出可用于喷涂、刷涂、浸涂、加热复合等施用工艺条件要求的胶黏剂。

④ 满足性能/价格比优化的要求。即在胶黏剂配方设计时，务必核算胶黏剂各组分成

本，在满足粘接和密封性能的基础上，尽量选用来源丰富、价格低廉的原材料配胶。

⑤ 满足环保和健康的要求。即在配方设计和选择各组分时，充分考虑到日益高涨的环保和员工健康诉求，在满足胶黏剂各种性能要求的基础上，尽量选用环境友好的无毒、无臭的绿色原料及助剂配胶。如在配方调控上从低甲醛排放向零甲醛排放的转变；在剂型选择上从溶剂型向水基型、无溶剂型转变。

五、提高胶黏剂粘接强度的方法

在配方设计和选择各组分时，充分考虑、利用下述方法，可有效提高胶黏剂的粘接强度。

① 选择粘接力和内聚力都大的树脂；如酚醛树脂、环氧树脂等。

② 加入增韧剂（增塑剂），降低脆性，增加胶层韧性，减小内应力。

③ 添加适量填料，降低收缩率。

④ 加入稀释剂，降低黏度，增加浸润性。

⑤ 加入偶联剂。

⑥ 适当的交联，如氯丁胶中加入列克纳（有效成分三苯基甲烷三异氰酸酯）。

⑦ 引入极性基团或加入相容性好、极性大的树脂。

⑧ 热固性树脂和热塑性树脂或橡胶并用。

六、胶黏剂配方设计的基本步骤

胶黏剂配方设计的基本步骤通常为：选取黏料、分析各成分的功能特点、设定初步配方、配方的实验优化设计、制备样品分析实验、确定配方、制备实验、分析测试、确定配方设计方案、评审、应用。

（1）选择基料

基料的性能决定胶黏剂的性能，应根据被粘物使用环境、使用功能、性能价格比及用户要求等因素来选取基料，可选一种或者几种基料，最终通过对比实验确定。当能满足胶黏剂的各种要求时，首选一种基料。若不能满足要求，再考虑多种基料复配，并坚持种类、用量最小原则。复配时应充分考虑、利用不同基料的协同增效作用。

（2）分析各成分的功能特点

主剂黏料选定后，根据主剂性能和应用功能的需求，还要选取诸如填料、固化剂、偶联剂、稀释剂等助剂，并确定其用量，以提高主剂性能，改善胶黏剂施加工艺。选取助剂的过程也是对助剂功能特性分析和研究的过程。选用的助剂种类应尽量减少、用量适宜，以降低成本、保证胶黏剂质量为基准。

（3）设定初步配方

在对胶黏剂各成分功能分析研究的基础上，设计出初步配方，规定出各成分用量。若是开发新品种胶，可设定多个用量，以便对比实验。

（4）配方的实验优化设计

初步配方设计后，应进行实际制备或计算机仿真模拟制造，对各组分用量进行实验优化设计。实验设计方法很多，如正交设计、部分因子设计、全因子设计、混料设计等，均可优化配方。若胶黏剂各成分之和为 100%，则混料设计是使配方最优化的最佳方法。

（5）制备样品分析实验

各组分用量基本确定之后，就应进行试制，并将试制的胶黏剂进行粘接或者密封应用，通过对被粘物或接头的分析测试，看其是否满足性能要求。若能满足设计要求，配方设计成功，进行某些改进可满足设计性能要求；若不能满足设计性能要求，还必须重新进行设计。

（6）确定配方

配方一旦确定之后，就可按配方进行批量生产，并按正规产品检验程序进行抽检，以验证配方产品质量的重复性和适应批量生产的能力，且制定相应工艺规程。

（7）撰写胶黏剂研制文件并评审

将配方设计和制备过程中所形成的配方、测试方法、工艺规程和产品验收及其依据标准等形成文件，经评审后指导胶黏剂生产。

七、胶黏剂的发展趋势与应用前景

胶黏剂具有可以实现同种或异种材料的连接、接头部位无应力集中、粘接强度高、易于实现自动化操作等优点，广泛应用于国民经济中的各个领域，已成为国民经济发展不可或缺的精细化工产品。国民经济的高速发展也为胶黏剂行业的发展提供了广阔的空间，因此我国胶黏剂行业得到了快速发展。据统计，我国 1985 年胶黏剂产量为 20 万吨，1996 年为 133 万吨，2000 年达 200 万吨，其各类胶黏剂比例为三醛胶（脲醛树脂胶、酚醛树脂胶和三聚氰胺甲醛胶）占 40.6%，水基胶黏剂占 45.3%，反应型胶黏剂占 3.8%，热熔型胶黏剂占 1.0%，橡胶型胶黏剂占 9.3%。2005～2009 年我国胶黏剂与密封剂产量和销售额年平均增长率分别达到了 12.2% 和 19.6%，预测在"十二五"期间仍会保持较高的增长速度，产量和销售额的年平均增长率分别为 10% 和 12%，其中反应型胶黏剂的增长率分别为 12.5% 和 14.9%。我国胶黏剂行业除了产量和销售额持续快速增长外，胶黏剂的技术水平也不断提高，开发出来大量达到国内外先进水平的产品，并呈现出产品向着改性型、反应型、多功能型、纳米型等方向发展，应用领域向着新能源、节能环保等新兴产业聚焦的发展趋势。

（1）胶黏剂的新技术

① 纳米技术。纳米技术是 21 世纪颇具发展前途的新技术，将一些纳米材料加入到胶黏剂中，使粘接强度、韧性、耐热性、耐老化性和密封效果都大幅提高。

② 共混与复合技术。配方中不同材料按适当比例混合，可有效地将各基料的优良性能综合起来，从而得到比单一基料性能更好的胶黏剂和密封剂。这种共混方法具有协同效应，起到相得益彰的作用。

③ 生物工程技术。利用生物技术可以生产类似贻贝液的胶黏剂，用于高耐水环境和海洋工程。生物技术制造胶黏剂势在必行。

④ 可降解技术。研究开发可生物降解的胶黏剂，减少某些胶黏剂对生态环境的危害，可降解胶黏剂将会迅速发展。

⑤ 辐射固化技术。辐射技术是 20 世纪 70 年代开发的一种全新绿色技术，是指经过紫外光、电子束的照射，使液相体系瞬间聚合、交联固化的过程。具有快速、高质量、低能耗、无污染、适合连续化生产等独特优点，被誉为面向 21 世纪的绿色工业技术。

⑥ 清洁生产技术。胶黏剂和粘接技术要适应环保要求，走可持续发展道路。不用有毒、有害原材料，从源头控制，实现"零"排放，生产环境友好的胶黏剂，同时更应当采用清洁的粘接工艺，达到清洁的效果。

（2）胶黏剂的市场需求和应用前景

① 木材加工行业是胶黏剂市场的消费大户，统计资料显示国内木材胶黏剂的使用数量占合成胶黏剂总产量的 40% 以上。目前我国木材胶黏剂主要以三醛胶为主，占整个木材及人造板用胶量的 80% 以上，但众所周知，该胶带来的甲醛公害问题备受指责。水基聚氨酯

胶黏剂近十年来迅速发展，在日本、西欧等发达国家已部分取代甲醛系胶的新型木材胶黏剂，但过高的成本使国内大多木材加工厂商望而却步。因此，研制开发新型替代胶种具有重要意义。

② 胶黏剂在建筑工程中广泛地用于施工、密封和结构黏合等领域。随着建筑行业的迅速发展，我国建筑用胶量迅速增加，约占合成胶黏剂总量的 30％以上。今后建筑用胶黏剂将会向功能化、高性能化、绿色环保化的方向发展，像 107 胶（聚乙烯醇缩甲醛）等建筑行业广泛使用的环境污染胶种势必将淘汰，作为我国最重要工程胶种的环氧胶黏剂已不能完全满足工程发展的需要，开发新型胶种成为当务之急，基于此开发工程抢险用、防渗堵漏用、密封用、防水防潮用等特种功能、高附加值胶黏剂，市场需求大，应用前景广阔，经济效益巨大。

③ 在水力水电、隧道地铁、钻井工程以及油田开发等基础工程施工中，常通过化学灌浆来解决工程中出现的坍、塌、渗、漏等问题。由于我国基础工程领域的飞速发展，化学灌浆材料市场缺口巨大。我国目前市场销售的化学灌浆材料多是以胶黏剂为主体的产品，但该材料的使用给我国矿产、土壤、地下水等资源和环境带来了巨大破坏，因此，研制新一代无毒高效的化学灌浆材料取代传统"三醛"类灌浆材料，填补国内市场缺口，对胶黏剂商家来说是极好的发展机遇。

④ 随着汽车工业的发展，汽车用胶黏剂从品种到产量都在迅速发展。据统计，2010 年我国汽车产量为 1800 万辆，汽车胶黏剂用量约为 15.7 万吨，其中结构胶黏剂用量约为 11.1 万吨。汽车产业对胶黏剂的质量、性能、安全性要求很高，国内胶黏剂产品比较落后、品种单一，难以满足需求，需大量进口高品质、高性能胶黏剂。因而，致力于开发高质量、高性能胶黏剂，满足汽车工业所需，有望获取高额的回报。

⑤ 目前，含有大量苯、甲苯、二甲苯等苯系溶剂的氯丁胶黏剂占据我国制鞋业所需胶黏剂的大部分市场，欧美各国都已采取对策限制制鞋业使用溶剂型胶黏剂，促使无溶剂和水基型环保鞋用胶开始大量使用。进入 21 世纪，我国的制鞋业已成为重要的出口加工行业，高档产品主要外销欧美国家，因而，顺应欧美市场要求，开发绿色环保鞋用胶，在我国发展空间巨大。

⑥ 近年涂料工业得到了迅猛发展，尤其是随着住房和汽车成为我国新的消费热点，室内装饰装修用和汽车工业用涂料拥有极为广阔的市场前景。涂料产业的发展势必带动胶黏剂的大量需求。当今涂料市场，水性涂料、粉末涂料等绿色产品越来越受人们青睐，开发新型胶黏剂满足涂料工业的发展需求，必将得到市场的认同。

⑦ 胶黏剂作为高附加类产品广泛应用于无纺布、西服衬里、棉织物免烫整理、衣物上浆浆料等纺织印染行业，消费量呈逐年递增趋势。此外，胶黏剂在 IT 和微电子行业、光学工业的应用需求也如雨后春笋，这都为胶黏剂产业提供了无限的商机。

⑧ 我国新能源行业的迅猛发展为胶黏剂的应用提供了巨大的市场空间。风能、太阳能作为非常重要的可再生资源得到了越来越多的利用，其主要利用形式为风力发电和太阳能发电。据统计，2005～2010 年我国新增风电装机容量年平均增长率为 95.5％，大大高于全球平均水平。我国太阳能发电从 2000 年起发展速度非常快，2000～2010 年的平均增长率为 143.6％，2010 年成为世界太阳能电池产量第一大国，约占世界总产量的 50％。目前，国内风电每个机组需要三个叶片，每片环氧结构胶的用量约为 0.35t，环氧基体树脂的用量约为 2t。预计到 2020 年我国新增风电装机用环氧结构胶和环氧基体树脂的需求量分别为 13.1 万

吨和 75 万吨，产值分别为 65 亿元和 262.5 亿元。太阳能电池用胶主要为环氧结构胶、EVA 胶膜、聚硅氧烷胶，2010 年太阳能电池领域的用胶量为：环氧结构胶 315t（硅片产量约为 10GW），EVA 胶膜 56000t，聚硅氧烷胶 12000t，产值分别为 8500 万元、22.4 亿元和 8.4 亿元。

⑨ 水处理技术是环境保护的关键问题之一，受到了极大的重视。超滤膜净水技术与其他水处理技术相比，处理效率高、效果好、能耗低，是一种环保节能兼备的新技术，广泛应用于饮用水处理、海水淡化、污水回用、医药、食品、饮料、生物等领域。其核心技术是超滤膜的制备和超滤膜滤芯的封端，目前主要为环氧树脂封端，要求环氧树脂的强度高、密封性好以及工艺性好。据统计国内 2010 年超滤膜净水设备浇注树脂用量约为 3750t，预计 2015 年超滤膜净水设备浇注树脂的需求量将达到 9150t。

（3）胶黏剂发展趋势

① 环保呼声的日益高涨和环保法规的日趋完善，环境友好型胶黏剂逐渐成为发展的主流，主要体现在以下三个方面：

a. 从溶剂型向水基型、无溶剂型转变。传统胶黏剂广泛使用苯、甲苯等有毒有害、易挥发有机溶剂，污染环境，危害人体健康，同时存在燃烧和爆炸的危险，而水基型、无溶剂型胶黏剂无毒安全、对环境友好，将是未来市场需求的主流产品。

b. 从低甲醛排放向零甲醛排放的转变。甲醛对人的身心健康危害巨大，尽管通过加入甲醛捕捉剂、调整配料比、改善聚合工艺等方法可实现低甲醛释放，但甲醛缩合系胶黏剂退出历史舞台是不可逆转的趋势。

c. 选择无毒、无臭的"绿色"原料、助剂，改善胶黏剂行业从业人员的工作环境，也将是胶黏剂工业发展的一个方向。

② 近年来高品质、高性能、高附加值胶黏剂异军突起，成为胶黏剂市场新的利润增长点和新的研究热点，主要有以下三个方向。

a. 研制具有多重官能团、多种功能基的胶黏剂，克服单一品种的性能缺陷。

b. 利用共聚、共混复合、接枝、交联等现代高分子材料科学的新手段，开发耐水、耐高温、高强度、阻燃、室温固化、纳米级、生命活性等新型功能化胶黏剂，发展微电子用、工程灌浆用、防渗堵漏用、航空航天用、医疗卫生用等特种胶黏剂。

c. 发展具有新型固化方式的胶黏剂，主要包括有光固化型胶、辐射固化型胶、高频热合胶、吸湿固化胶、压敏胶、热熔胶、需氧胶等。

教学情境二
胶黏剂产品配方与制备方案实施

任务二　白乳胶、改性白乳胶配方与制备方案实施

【任务介绍】

某胶黏剂生产企业的技术开发中心正在开发胶黏剂新产品，需要数名精化专业高职院校毕业生作项目助理，在项目主管的指导下，进入实验室和生产车间顶岗学习产品的生产、工艺等方面的知识和操作技能，为胶黏剂新产品开发实验及试生产积累知识和经验。在此基础上，完成胶黏剂新产品开发实验及生产，并撰写提交研发报告的全部内容。

【任务分析】

1. 能登陆知网查询白乳胶、改性白乳胶工业生产方法、生产设备、工艺、操作规程、分析检测方法、质量标准、原材料及设备价格等文献资料；

2. 能整理、吸收、利用查询、搜集的相关文献资料；

3. 知晓粘接技术的优缺点、粘接接头设计，能进行有效粘接；

4. 熟知环氧树脂、酚醛树脂胶黏剂的制备工艺，并能制备；

5. 熟知聚氨酯、醋酸乙烯酯胶黏剂的制备工艺，并能制备；

6. 熟知热熔胶黏剂的制备工艺，并能制备；

7. 熟知影响粘接强度的因素、粘接表面处理方法，能选胶及表面处理；

8. 能撰写胶黏剂产品研发报告制备与工艺部分内容。

【任务实施】

主要任务	完　成　要　求	地　点	备注
1. 查阅资料	1. 能登陆知网查询白乳胶、改性白乳胶工业生产方法、生产设备、工艺、操作规程、分析检测方法、质量标准、原材料及设备价格等文献资料； 2. 能整理、吸收、利用查询、搜集的相关文献资料	构思设计室	
2. 总结粘接技术及胶黏剂的制备工艺	1. 知晓粘接技术的优缺点、粘接接头设计； 2. 熟知环氧树脂、酚醛树脂胶黏剂的制备工艺； 3. 熟知聚氨酯、醋酸乙烯酯胶黏剂的制备工艺； 4. 熟知热熔胶黏剂的制备工艺； 5. 熟知影响粘接强度的因素、粘接表面处理方法	配方制剂实训室	
3. 配方实施	1. 依据粘接技术的优缺点、粘接接头设计，能进行有效粘接； 2. 能按环氧树脂、酚醛树脂胶黏剂制备工艺进行制备； 3. 能按聚氨酯、醋酸乙烯酯胶黏剂制备工艺进行制备； 4. 能按热熔胶黏剂制备工艺进行制备	配方制剂实训室	
4. 企业参观、实践	1. 胶黏剂生产厂； 2. 胶黏剂营销企业	相关企业、公司	

【任务评价】

主要任务	完 成 要 求	分值	得分
1. 查阅资料	1. 能登陆知网查询白乳胶、改性白乳胶工业生产方法、生产设备、工艺、操作规程、分析检测方法、质量标准、原材料及设备价格等文献资料； 2. 能整理、吸收、利用查询、搜集的相关文献资料	20	
2. 总结粘接技术及胶黏剂的制备工艺	1. 知晓粘接技术的优缺点、粘接接头设计； 2. 熟知环氧树脂、酚醛树脂胶黏剂的制备工艺； 3. 熟知聚氨酯、醋酸乙烯酯胶黏剂的制备工艺； 4. 熟知热熔胶黏剂的制备工艺； 5. 熟知影响粘接强度的因素、粘接表面处理方法	20	
3. 配方实施	1. 依据粘接技术的优缺点、粘接接头设计，能进行有效粘接； 2. 能按环氧树脂、酚醛树脂胶黏剂制备工艺进行制备； 3. 能按聚氨酯、醋酸乙烯酯胶黏剂制备工艺进行制备； 4. 能按热熔胶黏剂制备工艺进行制备	30	
4. 企业参观、实践	1. 胶黏剂生产厂； 2. 胶黏剂营销企业	10	
5. 学习、调查报告	1. 能撰写胶黏剂配方产品研发报告的工业生产方法、生产设备、工艺、操作规程、分析检测方法、质量标准、原材料及设备价格等部分的内容； 2. 能撰写胶黏剂产品研发报告完整内容并提交报告	20	

【相关知识】

一、胶黏剂常见配方及制备

（一）天然胶黏剂

从胶黏剂的产生、发展历史看，天然胶黏剂是人类应用历史最悠久的一类胶黏剂，发展至今已有数千年的历史，天然原料来源广泛，具有价格低廉、使用方便、粘接迅速、不会污染环境等特点，尽管黏结力较低，品种单纯，但随着现代人环保意识的增强，开发和利用天然资源制作的胶黏剂会被重视起来，采用现代工艺方法改进后，天然胶黏剂必将会进入一个崭新的发展阶段。

天然胶黏剂按原料来源分，分为矿物胶（沥青胶黏剂、石蜡胶黏剂、硫黄胶黏剂等）、动物胶（骨胶、明胶、虫胶、鱼胶等）和植物胶（糊精、松香、阿拉伯树胶等）三类，按化学组成可分为蛋白质胶黏剂、碳水化合物胶黏剂和其他天然树脂等。

(1) 蛋白质胶黏剂

植物蛋白、动物蛋白均可以制作胶黏剂，蛋白质胶黏剂主要包括骨胶、鱼胶、血朊胶、植物胶黏剂等。

① 骨胶胶黏剂。属硬蛋白，外观为不透明胶体，由动物的骨、皮或腱等经化学处理或熬煮制得，除去杂质后，色泽变浅、外观透明的便是明胶，按纯度可分为食用明胶、照相明胶及工业明胶等，用水溶解后即为胶液，40℃以上稳定，呈黏流态；40℃易凝聚，呈塑性流动。

胶黏剂配制时需先在冷水中浸渍24h以上，然后在60℃以下水浴溶解，必要时还要加入防霉剂、耐水剂、固化剂及其他改性剂。配制时先是加入适量水，溶解后加足量水，浓度控制在20%～50%。胶粉可直接加温水溶解，充分搅拌，防止结块（配制时使用镀锌铁皮或不锈钢材质容器）。使用时将骨胶胶黏剂分别涂抹在被粘物表面，涂胶后立即粘接。

② 鱼胶胶黏剂。主要由鱼皮制得。它有很长的持续黏性时间，能和很多基质黏合，可用于橡胶与钢、草纸板与铜、软木塞与胶合板的粘接以及瓷器着色和光刻。其缺点是带有鱼腥味（通过加以香料来调整），耐水性差（加入多价离子的盐如硫酸镁、硫酸铝、酸性铬酸盐等调整）。鱼胶与水按1:1.6质量比混合，粘接非多孔性材料时要再做湿性处理（在被粘物表面分别涂上胶黏剂，干燥，而后将其中一面再用水润湿），之后将两面贴压粘接，涂胶后晾置1～1.5h，粘接后一天才能使用。

③ 血朊胶胶黏剂。它是从脱脂乳汁中凝固分离而得到的含磷蛋白，耐水性较差，黏度增加较快，容易形成凝胶而失效。碱性物质、甲醛等可调节其黏度，延长胶液使用期并提高耐水性。尤其适用于木材制品的黏合加工，以及木材与金属、陶瓷、塑料、玻璃等异种材料的黏合。

血朊胶胶黏剂配方（质量份）：

血粉	100	消石灰	3
水	170	水	10
氨水	4		

注：制备工艺为血粉加入水中，搅拌下加入氨水，之后慢慢加入消石灰水溶液。

固化条件为粘接后在0.25～0.5MPa压力下、120℃条件下10min固化。

(2) 碳水化合物胶黏剂

从植物中提取的胶质多数是葡萄糖衍生物，这类衍生物包括淀粉、可溶性淀粉、糊精及海藻酸钠等，其制作工艺简单，使用方便，一般无毒，但耐水性差。

① 淀粉胶黏剂。不溶于水，仅能在热水中糊化。淀粉用酸、碱、氧化剂、甘油酶化学处理后，制得能溶于热水的透明体，即可溶性淀粉。例如纸箱用淀粉胶黏剂是采用玉米淀粉为原料制备的。

玉米淀粉胶黏剂配方（质量份）：

淀粉	100	氢氧化钠	24
晶体硼砂	6	水	700
双氧水(39%)	800mL		

注：制备工艺为配制时，先将冷水400kg加温至60℃，投入淀粉，开动搅拌，之后投入双氧水，搅拌，再投入氢氧化钠，温度上升至65℃，关闭蒸汽，1.5h后釜内胶液呈黄色，投入200kg 60℃蒸馏水稀释；取硼砂，加适量水，通过蒸汽溶解后投入；根据实际情况酌情投入剩余的100kg蒸馏水。

② 糊精胶黏剂。糊精胶黏剂配方（质量份）：

配方组成	甲组分	乙组分	配方组成	甲组分	乙组分
硼砂	2.5	1	亚硫酸钠	0.3	0.5
白糊精	20	50	五氯酚钠	2	
黄糊精	30		甲醛		25
葡萄糖		5	水	适量	50
苛性钠		1			
硬脂酸钠	0.5				

注：制备工艺为甲组分混合均匀后，在 70～80℃条件下加热 300min；乙组分以糊精、葡萄糖和水混合，50℃条件下加热保温。

（3）天然橡胶胶黏剂

天然橡胶是由橡胶树割取的胶乳，经稀释、过滤、凝聚、辊压和干燥等工序处理后制得，俗称生胶。天然橡胶的化学主要成分是顺-1,4-聚异戊二烯，是一种结晶性橡胶，具有良好的黏性和介电性，抗张强度高于合成橡胶，可以溶于苯、汽油、氯仿、松节油等；缺点是耐油、耐溶剂性稍差，不耐高温且容易老化。天然橡胶在溶剂的作用下胶胀，成为黏合性液体，再加入硫化剂、促进剂、防老剂及其他添加剂便可配制成含量为 10%～16% 的溶液型天然橡胶胶黏剂。

橡胶粘接用天然橡胶胶黏剂的配方（质量份）：

天然胶乳	40	陶土	6
氧化锌	2	防老剂 D	0.6
硫黄	1.6	促进剂 TP	1.2
酪素	0.4	促进剂 MZ	0.4

注：制备工艺为将天然胶乳加入搅拌釜中，再加入酪素，搅拌，然后依次再加入硫黄、促进剂、氧化锌、防老剂、陶土，搅拌分散均匀。

固化条件为 130℃下 15～30min。

用途为该胶用于黏合猪毛、马毛、椰棕制作衬垫材料。

为了改善天然橡胶胶黏剂耐油性和耐溶剂性差的缺点，可将其制成天然橡胶衍生物。将塑炼的橡胶溶于四氯化碳中，再通入氯化氢气体制成盐酸橡胶，或通入氯气制成氯化橡胶，这样的橡胶胶黏剂特别适宜于金属和橡胶的粘接。

（二）热固性树脂胶黏剂

合成树脂胶黏剂是当今产量最大、品种最多、应用最广的胶黏剂，其中包括两大类热固性树脂胶黏剂和热塑性树脂胶黏剂。热固性高分子胶黏剂是低分子量的高聚物或预聚物，通过加热或加入固化剂，固化成为不熔（不溶）的网状高分子胶黏剂，并且不会经过加热再次软化。具有施胶时胶液易扩散渗透，固化后强度高、韧性好、耐蠕变性和耐热性好的优点，但热固性树脂胶黏剂固化时容易发生体积收缩，产生内应力，导致粘接强度下降，因此需加入填料等改性剂加以弥补。常见热固性树脂胶黏剂参见表 3-5。

（1）环氧树脂胶黏剂

环氧树脂胶黏剂是以环氧树脂为主料，目前应用最为广泛的一种胶黏剂，其专利出现于 1938 年，具有使用方便、电绝缘性好、掺和性好、收缩率小的优点，有"万能胶"之称。主料环氧树脂种类繁多，有双酚 A 环氧树脂、双酚 F 环氧树脂、双酚 S 环氧树脂、脂环族环氧树脂、甘油环氧树脂等等。环氧树脂一般是指至少含有两个环氧基（ $\overset{O}{\underset{}{C-C}}$ ）的高分

表 3-5　常见的热固性树脂胶黏剂

胶黏剂	特　性	用　途
环氧树脂	室温固化、收缩率低;但剥离强度较低	金属、塑料、橡胶、水泥、木材
酚醛树脂	耐热、室外耐久;但有色、有脆性,固化时需高温加热	胶合板、层压板、砂纸、砂布
间苯二酚-甲醛树脂	室温固化、室外耐久;但有色、价格高	层压材料
脲醛树脂	价格低廉、但易污染、易老化	胶合板、木材
不饱和聚酯	室温固化、收缩率低;但接触空气难固化	水泥结构件、玻璃钢
聚氨酯	室温固化、耐低温;但受湿气影响大	金属、塑料、橡胶
芳杂环聚合物	250～500℃;但固化工艺苛刻	高温金属结构

子化合物,大分子末端有环氧基,链中间有羟基、醚键,固化过程中还会产生新的羟基和醚键,典型的环氧树脂结构式为:

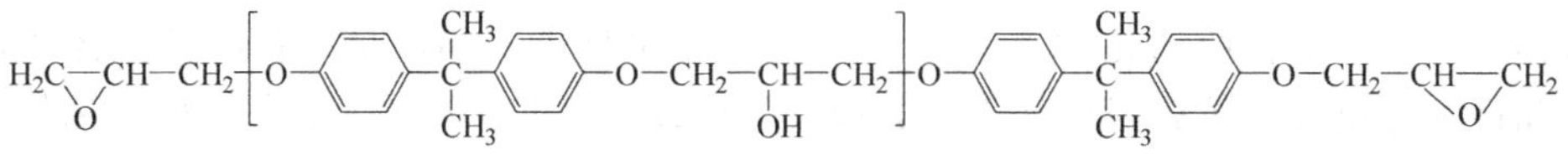

一般的环氧树脂由于结构中含有具有极性的脂肪族的羟基、醚键以及活泼环氧基等,使之对极性材料具有较高的粘接力,并且耐化学药品性、电绝缘性良好,收缩率小,但是剥离强度低,冲击韧性差,使其应用受到一定的限制。现在,通过加入一些高分子化合物可以改变这些不足,增强其韧性,这类树脂称为改性环氧树脂。加入的改性剂本身就具有很好的韧性,主要有液体聚硫橡胶、丁腈橡胶、缩醛、酚醛树脂、聚酰胺、有机硅树脂等。

改性环氧树脂胶黏剂种类繁多,主要有环氧-聚硫橡胶胶黏剂、环氧-丁腈橡胶胶黏剂、环氧-聚砜胶黏剂、环氧-缩醛胶黏剂、环氧-聚酰胺胶黏剂、环氧-聚氨酯胶黏剂,环氧-有机硅胶黏剂等。

① 环氧树脂的分类。按照与环氧基团相连的基团和化合物结构,环氧树脂大致可分为缩水甘油醚型树脂、缩水甘油酯型树脂、缩水甘油胺型树脂、脂环族环氧化合物、线状脂肪族环氧化合物等。

缩水甘油醚型

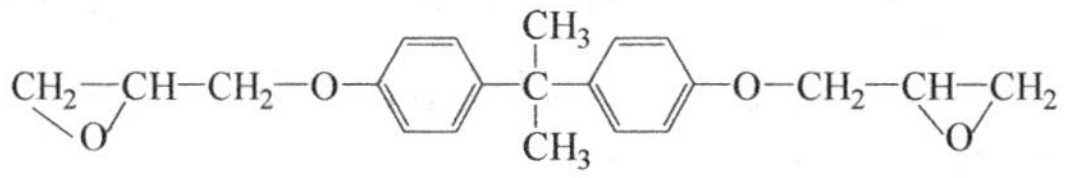

双酚A环氧树脂

缩水甘油酯型

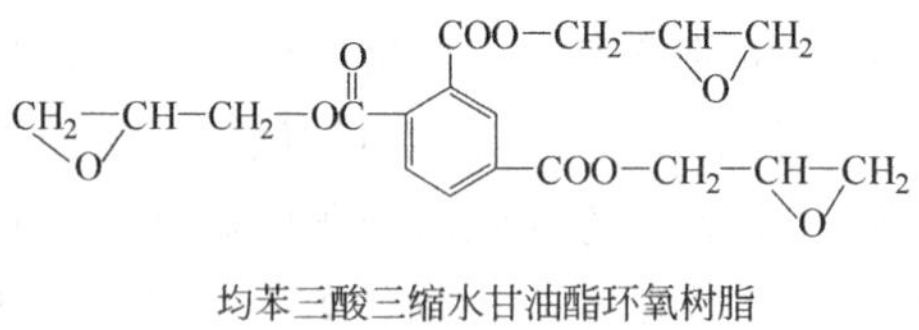

均苯三酸三缩水甘油酯环氧树脂

缩水甘油胺型

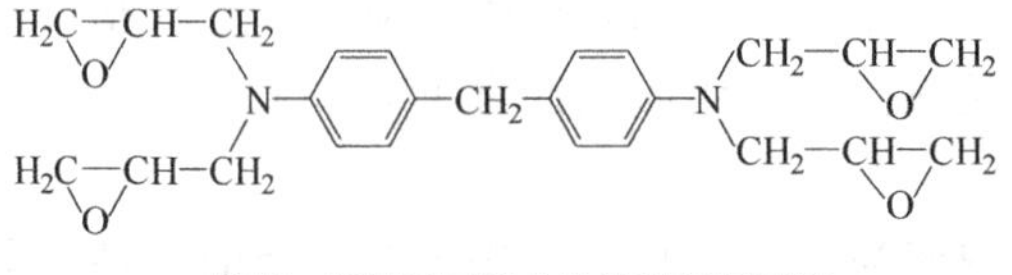

二氨基二苯甲烷四缩水甘油基环氧树脂

脂环族环氧化合物

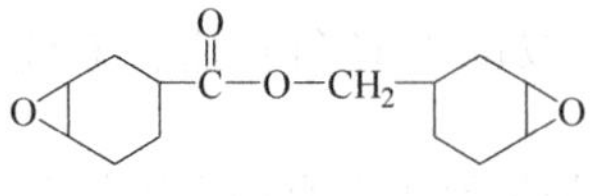

3,4-氧化基环己烷甲酸-3′,4′-环氧基己烷甲酯

② 环氧树脂胶黏剂的配方组成。环氧树脂胶黏剂主要由环氧树脂和固化剂两大部分组成。为改善某些性能，满足使用环境，还可加入增韧剂、稀释剂、填料等辅助材料。

a. 固化剂。环氧树脂本身是热塑性线性结构化合物，不能直接作胶黏剂使用，必须加入固化剂后通过固化交联反应得到不熔（溶）的体型网状结构后，才有实际使用价值，所以说固化剂是环氧树脂胶黏剂必不可少的组分。

b. 增韧剂。增韧剂具有增加固化产物韧性、提高抗冲性能和剥离强度的作用。如加入与树脂相溶性好的物质，如邻苯二甲酸酯类或能与树脂及固化剂起反应的物质（如液体聚硫橡胶），分子中的硫醇基与树脂中环氧基反应，形成环氧—聚硫的嵌段共聚物，增加树脂的韧性。

c. 稀释剂。加入适量的稀释剂的目的是降低胶的黏度，便于调胶和涂胶，分为活性和非活性两类。活性稀释剂是含有一个或两个环氧基的低分子化合物，参与固化反应，成为树脂结构的一部分（如双酚 A 环氧树脂采用缩水甘油醚型稀释剂）。非活性稀释剂不能参与固化反应，在固化树脂中会不断逸出，影响树脂性能，故用量一般为 5%～15%，常用的非活性稀释剂有：DBP、DOP、苯乙烯、甲苯、二甲苯等。

③ 环氧树脂制备原理。双酚 A 环氧树脂产量占到环氧树脂总产量的 90% 以上，是最早商品化的，也是应用最普遍的环氧树脂，以下简要介绍双酚 A 环氧树脂的生产工艺。

反应原理：双酚 A 与过量的环氧氯丙烷在碱催化下进行聚合反应：

$$(n+1)HO \text{—} \bigcirc \text{—} \overset{\underset{\displaystyle CH_3}{|}}{\underset{\underset{\displaystyle CH_3}{|}}{C}} \text{—} \bigcirc \text{—}OH + (n+2)H_2C\text{—}CH\text{—}CH_2Cl + (n+2)NaOH \longrightarrow$$

$$H_2C\text{—}CH\text{—}CH_2O \text{—} \bigcirc \text{—} \overset{\underset{\displaystyle CH_3}{|}}{\underset{\underset{\displaystyle CH_3}{|}}{C}} \text{—} \bigcirc \text{—}O\text{—}CH_2\text{—}CH\text{—}CH_2\text{—}O \text{—}_n \bigcirc \text{—} \overset{\underset{\displaystyle CH_3}{|}}{\underset{\underset{\displaystyle CH_3}{|}}{C}} \text{—} \bigcirc \text{—}O\text{—}CH_2\text{—}CH\text{—}CH_2$$

式中，n 为聚合度，也代表羟基数目。

当 $n=0$ 时，外观为黏稠液体；$n \geq 2$ 时，在室温下是固态的；随着 n 的增大，树脂的黏度升高。通过控制环氧氯丙烷和双酚 A 的比例，可生成高分子量树脂。一般的，将平均分子量小于 700，软化点低于 50℃ 的环氧树脂用作胶黏剂。在双酚 A 型环氧树脂中还含有羟基和醚键，这些极性基团的存在，使其可以与被粘物表面产生较强的结合力。

工艺流程：二酚基丙烷 ┐
　　　　　NaOH(10%) ├ 90℃ / 1～3h 缩合反应 ⟶ 洗涤 ⟶ 分离 ⟶ 减压蒸馏(脱水) ⟶ 成品
　　　　　环氧氯丙烷 ┘

环氧树脂质量标准如表 3-6 所示。

④ 实例列举。一种建筑结构胶黏剂的配方及生产工艺如下。

a. 配方组成（质量份）。

配方组成	甲组分	配方组成	乙组分
环氧树脂	100	苯酚	100
聚醚树脂	15～20	甲醛（37%）	15～20
		甲醛（37%）	13.6
		乙二胺	70
		2,4,6-三（二甲氨基甲基）苯酚	26

表 3-6　环氧树脂质量标准

指标名称	型　号					
	EP 01441-310			EP 01451-310		
	优等品	一等品	合格品	优等品	一等品	合格品
外观	无明显的机械杂质			无明显的机械杂质		
环氧当量	184～194	184～200	184～210	210～230	210～240	210～250
黏度(25℃)/Pa·s	11～14	7～12	6～26			
软化点/℃				12～20	12～20	12～20
色度/号	1	3	5	1	4	8
无机氯含量/%	<0.005	<0.018	<0.030	<0.005	<0.018	<0.030
易皂化氯含量/%	<0.10	<0.30	<0.70	<0.10	<0.30	<0.50
挥发分(11℃,3h)/%	<0.2	<1.0	<1.8	<0.3	<0.6	<1.0
钠离子含量/%	<0.001			<0.001		
凝胶时间	由供需双方商定			由供需双方商定		

b. 工艺流程图（见图 3-3）。

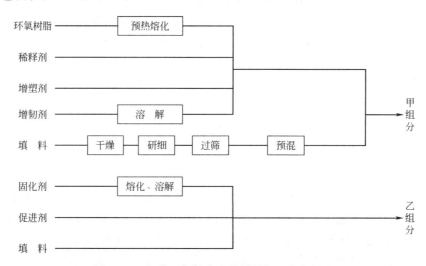

图 3-3　双组分环氧树脂胶黏剂制备工艺流程图

c. 制备方法。反应釜内加入聚醚和环氧树脂，搅拌 0.5h，混匀后出料装桶得甲组分；苯酚加热熔化后投入反应釜，搅拌，加入乙二胺，继续搅拌，保持物料温度为 45℃，滴加甲醛溶液，之后反应 1h 开始减压脱水，放料得红棕色黏稠液体，与 2,4,6-三（二甲氨基甲基）苯酚等混合均匀配得乙组分。甲、乙组分混合均匀后室温固化。

一种改性树脂胶黏剂的配方及生产工艺如下。

a. 配方组成（质量份）

A 组分配方（质量份）

E-51 环氧树脂	100	液体端羧基丁腈橡胶	20
AG-80 环氧树脂	100	苯基硅树脂改性碱洗湿石棉	5

B 组分配方（质量份）

多乙烯多胺	100	叔胺	少量
双马来酰亚胺	3		

C组分配方（质量份）

聚硫醚橡胶　　　　　　　　　　　　　　100　　　TED-85环氧树脂　　　　　　　　10

b. 制备工艺。

A组分制备过程：烧杯中称取50g E-51环氧树脂、50g AG-80环氧树脂、2.5g苯基硅树脂改性碱洗湿石棉及增韧剂液体端羧基丁腈橡胶10g，搅拌均匀，加热到150℃，反应1h。

B组分制备过程：将多乙烯多胺50g、双马来酰亚胺1.5g、叔胺1g搅拌均匀，加热到150℃，反应1h。

C组分制备过程：将聚硫醚橡胶50g、TED-85环氧树脂5g搅拌均匀，加热到150℃，反应1h。

将上述三组分按照3∶0.5∶7.5（质量比）混合后即得室温固化且耐高温的环氧胶黏剂。制得的胶黏剂在室温条件下30min凝胶，24h初固化，7天就可以完全固化。

（2）酚醛树脂胶黏剂

酚醛树脂是在酸或碱催化剂作用下酚类（苯酚、甲酚、二甲酚等）与醛类（甲醛、糠醛等）缩聚反应得到的，反应物结构随着投料种类、投料量及催化剂的改变而改变。以苯酚与甲醛缩聚得到的低分子可溶树脂最为常见。随其工艺配方不同分为热固性、热塑性酚醛树脂，具有胶黏剂强度较高、耐热、耐老化等优点，广泛应用于将木屑、碎木板加工成可用的木材，在建筑工业和铸造工业中也有应用。

① 生产酚醛树脂的主要原料。

酚类：苯酚，二甲酚，间苯二酚，多元酚；

醛类：甲醛，乙醛，糠醛等；

酸性催化剂：盐酸，草酸，硫酸，对甲苯磺酸；

碱性催化剂：氢氧化钠，氢氧化钾，氢氧化钡，氨水，氧化镁等。

② 酚醛树脂制备原理。

甲醛溶液（37%～40%）和苯酚等体积混合，得到的溶液pH＝3.0～3.1（这样的酚醛混合物加热至沸腾数日内也不会变质）。在上述酚醛混合物中加入酸，调节pH值小于3.0，或加入碱调节pH值大于3.0，则反应立即进行。甲醛过量时，碱性催化剂催化下得到热固性酚醛树脂；当甲醛摩尔比小于1，酸性催化剂（如盐酸、苯磺酸）催化下得到热塑性酚醛树脂。

a. 热固性酚醛树脂。制备过程分为三个阶段，甲阶、乙阶、丙阶。

① 甲阶树脂。为热塑性、线性，易溶于乙醇、丙酮等有机溶剂，又称可熔（溶）酚醛树脂。

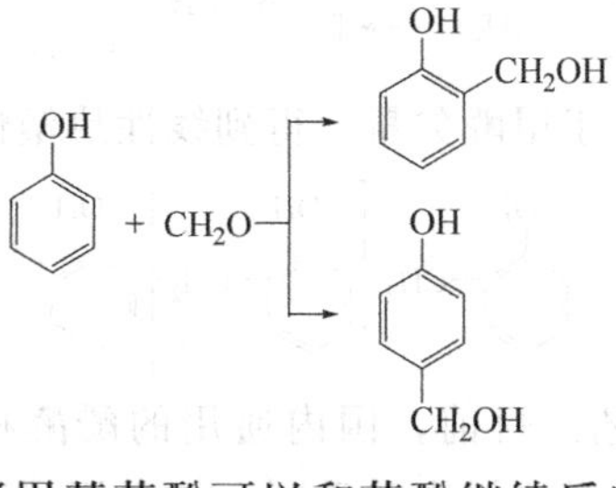

得到的邻羟甲基苯酚和对羟甲基苯酚可以和苯酚继续反应，也可以和甲醛反应得到对羟基甲基苯酚。

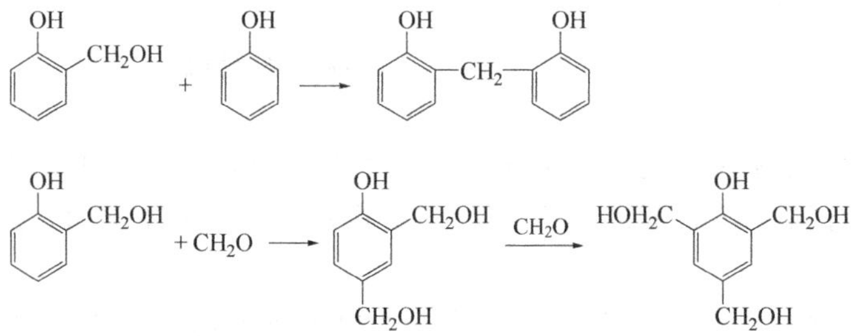

上述各种羟甲基苯酚可以相互反应，也能和醛、酚反应。此外，甲阶树脂还存在醚键结构，典型结构如下：

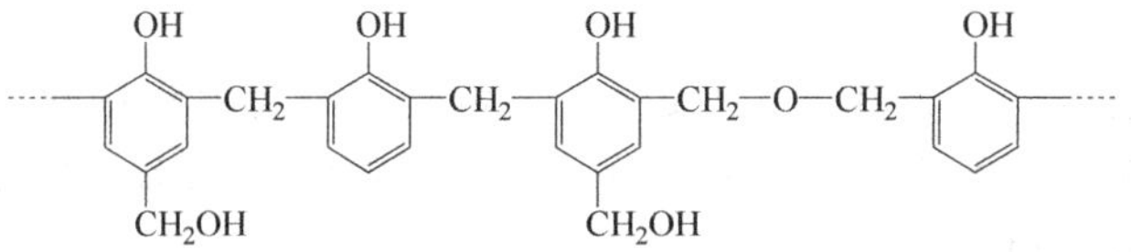

ⓑ 乙阶树脂。将甲阶树脂加热至 $115\sim140$℃，进一步缩聚得到乙阶树脂，其分子量达到 1000 以上，聚合度 $6\sim7$。乙阶树脂是不熔(溶)的高分子化合物和一些游离酚及羟甲基酚的混合物，可部分溶解在丙酮、醇类溶剂中，冷却后变成脆性物质

ⓒ 丙阶树脂。乙阶树脂继续加热缩聚，反应物中羟基作用完全，最终会得到网状分子结构，达到不熔(溶)的硬化阶段，但究竟具体结构怎样，仍无定论，一般认为是生成了三面交联的体型大分子。

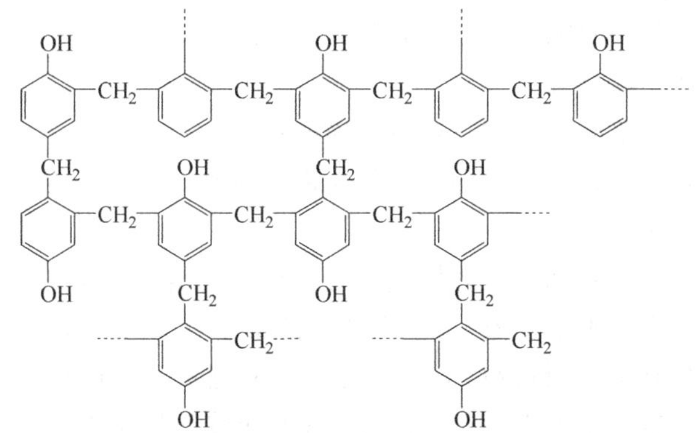

也有人认为结构并非如此，因为酚醛树脂分子是很僵硬的，不利于生成深度交联，之所以不能熔化可能是因为分子达到熔点前就热分解了。

b. 热塑性酚醛树脂。配比中，苯酚多于甲醛，生成双羟基苯甲烷，方程式如下：

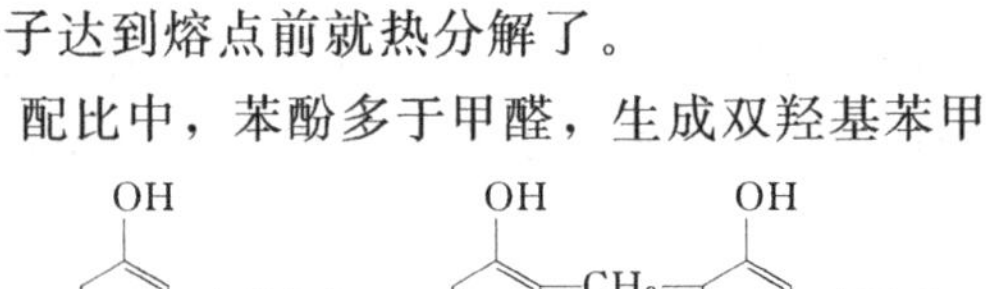

继续与苯酚、甲醛反应，由于甲醛欠量，得到线性热塑性酚醛树脂，结构式如下：

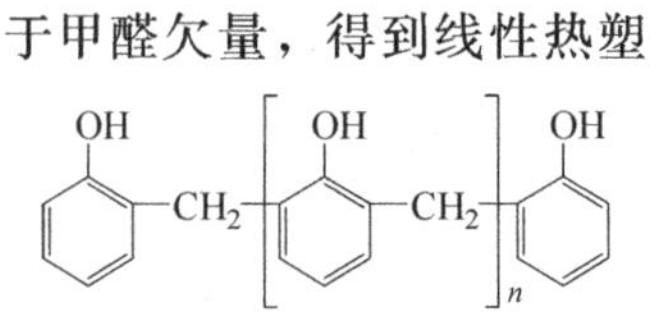

③ 酚醛树脂胶黏剂制备工艺。目前，国内通用的酚醛树脂有三种：酚钡树脂胶黏剂、水溶性酚醛树脂胶黏剂、醇溶性酚醛树脂胶黏剂，均采用甲阶酚醛树脂为黏料，室温下月桂酸作催化剂，固化成坚固、有黏附性的胶层。以下简要介绍酚钡树脂胶黏剂、水溶性树脂胶

黏剂制备工艺。

a. 酚钡树脂胶黏剂。首先制备酚钡树脂，将 1 份氢氧化钡与其 5 倍质量的丙酮混合均匀。在装有搅拌器和冷凝管的反应釜中，加入苯酚 100 份，再加入氢氧化钡丙酮溶液，加热至 65～70℃，苯酚溶解后停止加热，加入 37% 的甲醛溶液 100 份。反应放热，温度上升到 85℃，停止搅拌，反应物开始沸腾。控制温度为 97～98℃，保温 40min，之后在回流冷凝管上接真空泵使缩聚产物在 55～65℃ 时脱水（压力为 14.7～21.3kPa），同时，每隔 20min 取样测定黏度，直到黏度达到 450mPa·s，脱水结束，冷却至 30℃。根据存放条件可存放 1～5 个月。

随后，配制酚钡树脂胶黏剂。原料为酚钡树脂和石油磺酸，根据硬化温度需要调整配比，混合搅拌 20min 即可。16～20℃ 时，胶黏剂的使用寿命为 3～6h，提高温度会缩短使用寿命。

b. 水溶性树脂胶黏剂。反应釜中加入苯酚 100 份、氢氧化钠溶液（40%）26.5 份、蒸馏水 26.3 份后，开始搅拌，升温到 40～50℃，保温 20～30min。然后在 42～45℃ 条件下，缓慢滴加甲醛溶液（37%）107.6 份，0.5h 滴加完毕。升温至 94℃，保温 20min，冷却至 82℃，保温 13min，再加入甲醛溶液（37%）21.6 份，蒸馏水 19 份，升温至 90～92℃，间隔 20min 取样，直至黏度符合要求后，冷却至 25～30℃，出料即可。

④ 改性酚醛树脂胶黏剂。酚醛树脂具有粘接强度高、耐水、耐热等优点，是生产木材制品时胶黏剂的首选，但因其存在成本较高、耐磨性差、内压力大等缺点，应用受到一定限制。因此，许多人采用多种途径对其改性。改性酚醛树脂可以将柔韧性好的线性高分子化合物混入酚醛树脂中；也可以将一些黏附性强的高分子化合物或单体与酚醛树脂用化学方法制成接枝共聚物，从而获得具有各种综合性能的胶黏剂。目前，研究较多的是利用三聚氰胺、尿素、木质素、聚乙烯醇、间苯二酚等物质对其改性，典型配方如表 3-7 和表 3-8 所示。

表 3-7　酚醛-缩醛-有机硅胶黏剂典型配方

配方组成	质量份	各组分作用分析
酚醛树脂	150	酚醛树脂主要组分
聚乙烯醇缩丁醛	150	缩醛组分
没食子酸丙酯	2	防老剂，阻止胶黏剂高温使用时热氧老化
乙酸乙酯	650	溶剂，降低黏度促进剂，加速固化反应
石棉粉	50	填料，降低膨胀系数，提高耐热性

表 3-8　酚醛-丁腈橡胶胶黏剂典型配方

配方组成	质量份	各组分作用分析
酚醛树脂	150	酚醛树脂组分，耐高温
丁腈混炼胶	100	丁腈橡胶组分，韧性好
氯化亚锡	0.7	催化剂，加速固化反应，降低固化温度
防老剂 4010	2	防老剂，阻止胶黏剂高温使用时热氧老化
没食子酸丙酯	2	防老剂，阻止胶黏剂高温使用时热氧老化
六亚甲基四胺	3	促进剂，加速固化反应
苯和乙醇	750	溶剂，降低黏度

（3）聚氨酯胶黏剂

全名聚氨基甲酸酯，分子结构中含有重复的氨基甲酸酯基（—NHCOO—）。由异氰酸酯和含羟基化合物如聚醚、聚酯或其他多元醇加聚得到。分子结构中有强的极性基团

—NCO、—OH以及脲基，因而对各种含有极性基团的材料表面具有亲和力和较高的内聚力，粘接范围广泛，尤其是在耐低温性能方面更为独特。目前主要应用于包装、纺织、制鞋、汽车、建筑、飞机制造等行业中。

① 聚氨酯胶黏剂配方组成。聚氨酯胶黏剂主要由异氰酸酯和多元醇两大部分组成。为改善某些性能，满足不同用途，还需加入溶剂、催化剂、扩链剂与交联剂、稳定剂及其他助剂。

a. 基料。有机多异氰酸酯，带有两个或两个以上的异氰酸根，包括2,4-甲苯二异氰酸酯或2,6-甲苯二异氰酸酯（TDI），1,6-六亚甲基二异氰酸酯（HDI），4,4′-亚甲基二苯基二异氰酸酯（MDI）；有机多元醇化合物，可以是低分子二元醇，如1,4-丁二醇，但应用的更多的是带端羟基的低分子聚醚二醇或聚酯二醇，分子量为2000～4000。

b. 扩链剂。二元胺或二元醇，如二乙基甲苯二胺、二元胺、己二醇。

c. 交联剂。一般使用多元醇，如丙三醇、三羟甲基丙烷、季戊四醇。有时也使用醇胺，如乙二醇胺、三乙醇胺。

d. 催化剂。为控制反应速率，在制备预聚体胶黏剂或在胶黏剂固化时都可以加入各种催化剂：叔胺（三乙烯四胺、三乙醇胺），有机金属化合物（如辛酸铅、环烷酸铅、环烷酸钴、环烷酸锌），有机膦（三丁基膦、三乙基膦）

e. 溶剂。常用的有乙酸乙酯、乙酸丁酯、氯苯、二氯甲烷。

② 聚氨酯胶黏剂制备原理。有机多异氰酸酯化合物含有高度不饱和键的异氰酸酯基团（—NCO），俗称"乌利当"，化学性质非常活泼，可与含有活泼氢的化合物发生亲核反应生成氨基甲酸酯。由有机二异氰酸酯与二羟基化合物合成聚氨酯的反应式如下：

$$OCN-R-NCO + HO-R'-OH \longrightarrow \left[CNHRNHCR'O \right]_n$$

此反应可在室温下进行，生成氨基甲酸酯。聚氨酯大分子中还可以包含醚、酯、脲、缩二脲等其他基团。

③ 实例列举

a. 双组分聚氨酯胶黏剂的配方组成（按1t产品计，单位：kg）

配方组成	甲组分	配方组成	乙组分
己二酸	735	三羟甲基丙烷	60
乙二醇	367.5	甲苯二异氰酸酯	252.5
甲苯二异氰酸酯	73.5	醋酸乙酯	232

b. 制备方法。

甲组分中聚己二酸-乙二醇（聚酯）的制备：于不锈钢反应釜中投入乙二醇367.5kg，搅拌升温，再投入己二酸735kg，升温到200～210℃，出水量达185kg，酸值达到40mgKOH/g时，减压至0.048MPa，釜内温度保持不变，出水8h，酸值到10mgKOH/g时，再减压至0.67kPa以下，一直控制温度在210℃，减压蒸出醇5h，控制酸值到2mgKOH/g时，出料。制得的聚己二酸-乙二醇分子量为1600～2240，外观为浅黄色，产率70%。

改性聚酯树胶的制备：反应釜中投入5kg醋酸乙酯，开动搅拌，再加入60kg已制备的聚己二酸-乙二醇，升温至60℃，加入4～6kg甲苯二异氰酸酯，升温至110℃，黏度达到6Pa·s，稍微打开计量槽，加入5kg醋酸乙酯溶液，再加入10kg醋酸乙酯溶液，最后加入134～139kg丙酮溶解。制得浅黄色透明黏稠液，产率98%，即甲组分。

　　乙组分的制备：反应釜中投入甲苯二异氰酸酯 246.5kg、醋酸乙酯 212kg，开动搅拌，滴加已经熔融的三羟甲基丙烷 60kg，控制滴加温度为 65～70℃，2h 滴加完毕，70℃保温 1h，冷却至室温，制得外观为浅黄色黏稠液，产率 98％，即乙组分。

　　使用时，甲∶乙＝100∶（10～50）（粘接橡胶取上限，粘接金属取下限）。

　　（三）热塑性树脂胶黏剂

　　热塑性树脂胶黏剂通常为液态，通过溶剂挥发、熔体冷却，聚合反应使之变成热塑性固体，达到粘接的目的。在加热时热塑性树脂胶黏剂会熔化、溶解、软化，有压力条件下发生蠕变，因此，它们一般均用于一些要求粘接强度不太高、粘接后应用条件也不苛刻的对象。

　　玻璃化温度（T_g）是衡量热塑性树脂胶黏剂特性的主要标准，以 T_g 高于室温的树脂作为胶黏剂，其粘接力很小，柔软性较差；以 T_g 低于室温的树脂作为胶黏剂，粘接力高，粘接层柔软，成膜性能好。

　　（1）醋酸乙烯酯胶黏剂

　　我国聚醋酸乙烯酯胶黏剂的产量在胶黏剂生产行业中居第二位，按聚合方式不同可分为溶液型和乳液型两大类。聚醋酸乙烯酯胶黏剂具有良好的工艺性能和黏合性能，价格也相对较低，可用于纸张、木材、陶瓷、塑料薄膜和混凝土等的粘接。溶液型胶黏剂可以由溶液聚合得到，也可以将固体聚合物溶解在适当的溶剂中配成胶液。一般用于粘接的多为乳液型，由乳液聚合得到。聚醋酸乙烯乳液俗称白乳胶或白胶，简称为 PVAc 乳液。

　　聚醋酸乙烯酯是以醋酸乙烯为原料，过氧化物或偶氮二异丁腈为引发剂，通过聚合反应制得，反应式如下：

$$n H_2C={=}CH \longrightarrow \ ({+}H_2C{-}CH{)}_n$$
$$\quad\ \ |\qquad\qquad\qquad\qquad |$$
$$\quad\ \ O{-}C{-}CH_3\qquad\qquad O{-}C{-}CH_3$$
$$\qquad\quad\|\qquad\qquad\qquad\qquad\ \|$$
$$\qquad\quad O\qquad\qquad\qquad\qquad\ O$$

　　① 聚醋酸乙烯酯胶黏剂配方组成。聚醋酸乙烯酯胶黏剂主要是由聚醋酸乙烯酯、增黏剂、增塑剂、溶剂、填料及其他添加剂组成。

　　a. 基料。聚醋酸乙烯酯，其乳液白点（聚合物粒子最低共凝聚温度）是决定乳液应用价值的关键指标，白点越低，则快干性好、强度上升快。常用的聚醋酸乙烯酯乳液的规格为：固体含量为 40％～60％，粒径为（0.3～10）×10^{-6}m，黏度为 0.05～50Pa·s，pH 值为 6～8。

　　b. 增黏剂。常用聚乙烯醇，其分子量高，可以提高胶液的黏度，使水分保留在胶层内，延长操作时间。淀粉、纤维素衍生物等也可以作为增黏剂使用。

　　c. 增塑剂。常选用邻苯二甲酸二丁酯、邻苯二甲酸丁苄酯、磷酸三甲苯酯、磷酸三正丁酯等，这些化合物具有高沸点、低蒸气压，且与聚醋酸乙烯酯有良好的相容性。

　　d. 溶剂。常用溶剂有甲醇、乙酸乙酯、丙酮、甲苯、二氯甲烷等，这些溶剂挥发速度比水快，利于使乳液的成膜温度降低，形成均一胶膜。

　　② 聚醋酸乙烯酯胶黏剂制备工艺

　　a. 配方组成及原材料消耗定额（按制 1t 计，单位：kg）

聚醋酸乙烯酯	460	碳酸氢钠	1.5
聚乙烯醇 1788	25	邻苯二甲酸二丁酯	50
乳化剂 OP-10	5	去离子水	457.6
过硫酸钾	0.9		

b. 工艺流程。聚醋酸乙烯酯胶黏剂生产工艺如图 3-4 所示。

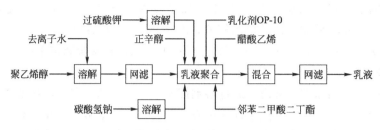

图 3-4　聚醋酸乙烯酯胶黏剂生产工艺流程图

c. 制备方法。将聚乙烯醇与水在溶解釜中混合，加热至 80℃，搅拌 6～8h 溶清，过滤。

反应釜中加入聚乙烯醇水溶液、乳化剂，搅拌，投入醋酸乙烯（总量 15%）和过硫酸钾（已配制成浓度 10% 的溶液，先加入总量的 40%），升温至 60～65℃ 停止，釜内回流，温度升高至 80～83℃ 回流减少，缓慢加入总量 10% 的醋酸乙烯酯和总量 5% 的过硫酸钾，期间控制温度 78～82℃，8h 加料完毕，之后加入剩余单体、引发剂，温度自动升至 90～95℃，保温 30min，冷却到 50℃，加入碳酸氢钠水溶液（已配制成浓度 10% 的溶液）和邻苯二甲酸二丁酯，搅匀，出料。

（2）聚乙烯醇胶黏剂

由于乙烯醇不稳定，因而聚乙烯醇通常是由聚醋酸乙烯在甲醇或乙醇溶液中，催化剂水解制得，而不是由单体直接聚合得到，反应方程式如下：

$$\left(\!\!\begin{array}{c}H_2C-CH\\|\\O-C-CH_3\\\|\\O\end{array}\!\!\right)_n \longrightarrow \left(\!\!\begin{array}{c}H_2C-CH\\|\\OH\end{array}\!\!\right)_n$$

聚乙烯醇为白色粉末，是一种水溶性高聚物，随着聚合物中羟基的含量增加，溶解度增大。聚乙烯醇胶黏剂通常以水溶液的形式使用，一般是在搅拌下将聚乙烯醇溶于 80～90℃ 热水中即成。有时在胶液中还需添加填料、增塑剂、防腐剂等配合剂。

当聚乙烯醇与不同醛类进行缩醛反应则制得聚乙烯醇缩醛：

$$\left(\!\!\begin{array}{c}H_2C-CH\\|\\OH\end{array}\!\!\right)_n + RCHO \longrightarrow \left(\!\!\begin{array}{c}CH_2-CH-CH_2-CH\\|\quad\quad\quad|\\O-CH-O\\|\\R\end{array}\!\!\right)_n$$

市售的 107 胶水即为聚乙烯醇缩甲醛产物，大量用于建筑内墙刷浆，能提高墙粉和水泥砂浆的抗冻性、黏附力，也可用于玻璃、皮革、木材、塑料壁纸、瓷砖的粘接。以它为例介绍聚乙烯醇和聚乙烯醇缩醛胶黏剂的制备方法。

① 配方组成及原材料消耗定额（按制 1t 计，单位：kg）：

聚乙烯醇	35	氢氧化钠	2
甲醛	28	水	855
盐酸	6		

② 制备方法。反应釜中注入水 850kg，升温至 60℃，投入聚乙烯醇 35kg，搅拌，继续升温至 95℃，保温反应 0.5h 后降温至 50～60℃，加入盐酸 6kg，调整反应釜内 pH=1～3 范围内，加入甲醛 28kg，升温至 80℃，反应 40～60min，降温至 50～60℃，将 2kg 烧碱用 5kg 水溶解后调整釜内 pH 值在 7～8 范围。降至室温，制得 107 胶。

（3）丙烯酸酯胶黏剂

丙烯酸酯胶黏剂以丙烯酸酯为基料，具有成膜性好，粘接强度高，耐酸碱，室温下固化迅速，使用方便等优点。丙烯酸酯作胶黏剂时较少使用单独聚合物，一般都用共聚物如甲酯、乙酯、丁酯等相互配合，或与醋酸乙烯、丙烯腈、甲基丙烯酸酯及其他能交联的功能性单体共聚组成各种剂型的聚合物。

① α-氰基丙烯酸酯胶黏剂（无溶剂型）。α-氰基丙烯酸酯由于含有—CN，极性大，在空气中极微量水分作用下，会瞬间发生阴离子的聚合反应而硬化，使被粘物牢固粘接。

各种 α-氰基丙烯酸酯都是无色透明的液体，为了配制便于储存和使用的胶黏剂，在 α-氰基丙烯酸酯单体中常加入其他的辅助成分，如加入 SO_2 等酸性物质作为稳定剂，以防止储存时发生聚合，也可加入苯酚等物质作为阻聚剂，以防止发生自由基型聚合反应。下面简要介绍其制备工艺。

a. 配方组成及原材料消耗定额（按制 1t 计，单位：kg）：

氰乙酸乙酯	150	哌啶	0.3
甲醛(37%)	100	二氯乙烷	35
邻苯二甲酸二丁酯	34		

b. 制备方法。将氰乙酸乙酯、哌啶和溶剂加入缩聚裂解釜中，控制 pH＝7.2～7.5，慢慢加入甲醛液，保持釜内温度 65～70℃，充分搅拌，保温反应 1～2h。之后加入邻苯二甲酸二丁酯，在 80～90℃回流脱水完全。加入适量五氧化二磷、对苯二酚，通入二氧化硫气体作稳定保护用。在夹套油温为 180～200℃条件下裂解，蒸去残留溶剂，馏出温度为 75℃（2.67kPa）时得粗单体。粗单体精馏后得纯品，成品转移至配胶釜中，加入少量对苯二酚等配成胶黏剂。

② 溶液型丙烯酸酯胶黏剂。丙烯酸酯溶液胶是以甲基丙烯酸甲酯、苯乙烯和氯乙烯等单体共聚制得的溶液，再与不饱和聚酯、固化剂和促进剂配合而成的溶液型胶黏剂，或由各种丙烯酸酯树脂溶于有机溶剂而成，粘接力强，耐水性好、常温固化，主要用于对有机玻璃的粘接。

③ 反应型丙烯酸酯胶黏剂。这是一类新的改性丙烯酸酯胶黏剂，也称为 AB 胶、第二代丙烯酸酯胶黏剂（SGA）、室温快固丙烯酸酯胶黏剂，是以丙烯酸酯的自由基共聚物为基础的双组分胶黏剂，通常以甲基丙烯酸酯、高分子弹性体和引发剂溶液为主剂，以促进剂溶液为底剂。以下列举一实例。

a. 配方组成及原材料消耗定额（按制 1t 计，单位：kg）：

配方组成	A组分	配方组成	B组分
甲基丙烯酸	180～220	甲基丙烯酸	120～180
甲基丙烯酸羟乙酯	30	甲基丙烯酸羟乙酯	35～95
丁腈橡胶(固体)	35～50	丁腈橡胶(固体)	30～40
异丙苯过氧化氢	少量	还原剂胺	少量
甲基丙烯酸酯增强剂	15	甲基丙烯酸	15

b. 制备方法。将甲基丙烯酸甲酯、稳定剂和颜料（红色）投入配胶釜，搅拌溶解，再依次投入甲基丙烯酸羟乙酯、增强单体、丁腈橡胶，室温放置使橡胶溶胀。夹套用热水加热，搅拌，55～70℃保温 3～6h，待丁腈橡胶完全溶解后停止加热，冷却，加入过氧化物搅拌均匀，出料得 A 组分。

于配胶釜中投入甲基丙烯酸甲酯和颜料（蓝色），搅拌溶清，依次投入甲基丙烯酸羟乙酯、增强单体、丁腈橡胶，室温放置使橡胶溶胀。夹套用热水加热，搅拌，50～60℃投入甲基丙烯酸和还原剂，保温 3～6h，停止加热，冷却，加入促进剂并搅拌均匀，出料得 B 组分。

使用时，将主剂和底剂分别涂在两个黏合面上，两个黏合面接触时，立即发生聚合反应，经过 5～30min 即初步固定，一天后可达到较高强度。

此类胶黏剂使用方便，进行一般的表面处理就可以达到较高的粘接强度，甚至表面有油污的材料也可粘接，具有室温固化快、粘接强度高、抗冲击性强等优点，但同时也存在气味大、有毒、耐热性差等缺陷，可用于金属、塑料、珠宝首饰、玻璃及复合材料的粘接。

（4）其他热塑性树脂胶黏剂

热塑性树脂胶黏剂除上述外，还有不少种类，国内也有许多牌号的产品，其中较重要的列于表3-9中。

表 3-9　重要的热塑性树脂胶黏剂品种特性与用途

类型	品种	主要成分	固化条件	特性	用途	国产牌号
氯乙烯类树脂胶	聚氯乙烯胶	PVC、四氢呋喃、环己酮	常温固化，0.05～0.1MPa	与 PVC 塑料融为一体	PVC 制品	软、硬 PVC 胶
	过氯乙烯胶	过氯乙烯、二氯乙烷	常温固化，0.05～0.1MPa	与 PVC 塑料融为一体	PVC 制品	601胶、641胶
尼龙胶	纯尼龙胶	尼龙树脂、溶剂、苯酚等	微加压、常温	胶层柔软，粘接力强，不耐水	尼龙、金属	Sy-6-1 胶
	尼龙-酚醛树脂胶	尼龙树脂、酚醛树脂、溶剂	微加压、常温	对金属粘接力强，耐水性稍差	金属	Sy-7 胶
线型聚酯胶	线性聚酯胶	聚酯、溶剂	常温固化、稍加压	对涤纶制品及薄膜粘接力好，单组分，使用方便	涤纶制品	14、19、28、32、791 号胶
硝基纤维树脂胶	硝基纤维素胶	硝基纤维素溶剂	常温固化、稍加压	单组分，使用方便，对木材、陶瓷有较好粘接力	纸制品	硝基胶黏剂
芳杂环树脂胶	聚酰亚胺胶	聚酰亚胺树脂、溶剂、玻璃布	加压，280℃固化	耐热性好、耐辐射，对金属粘接力强	航空与航天材料	30 胶 P-32、P-36 胶
氟树脂胶	纯氟树脂胶	共聚氟树脂、溶剂、增黏剂、填料	稍加压，室温或加热固化	单组分，使用方便，耐热性与电性能好	聚四氟乙烯、橡胶、非极性材料	F-2 胶、F-3 胶

（四）合成橡胶胶黏剂

合成橡胶胶黏剂兴起于20世纪40年代，属于非结构胶黏剂，是以氯丁、丁腈、丁苯、丁基、聚硫等合成橡胶为主体材料配制成的。这类胶黏剂对各种物质都有良好的黏合性能，初期黏附力大，具有高弹性、高强度、高内聚力等特性，对不同膨胀系数材料的体积收缩也可以起到一定的缓冲作用，在高分子胶黏剂中橡胶占有十分重要的地位，被广泛地用于汽车制造、纺织等工业中。

合成橡胶胶黏剂按剂型分为：溶剂型、无溶剂型和乳胶型三类。溶剂型合成橡胶胶黏剂的基体又可分为非硫化型和硫化型两类。非硫化型是将生胶塑炼后直接溶于有机溶剂配制而成。硫化型合成橡胶胶黏剂又有室温硫化型和加热硫化型两种，室温硫化型合成橡胶胶黏剂制造工艺简单，应用范围广泛。按橡胶基体的组成，合成橡胶胶黏剂可分为：氯丁橡胶、丁腈橡胶、聚硫橡胶、丁苯橡胶、硅橡胶等。

（1）氯丁橡胶胶黏剂

在合成橡胶胶黏剂中，以氯丁橡胶胶黏剂应用最广泛，它是由氯代丁二烯以乳液聚合方法得到，此类胶黏剂配制方便，价格低廉，但耐热性能较差。硫化型是塑炼后的生胶中加入硫化剂、硫化促进剂、补强剂、增塑剂、防老剂等经混炼后制得的，反应式为：

$$n CH_2=CH-\overset{\displaystyle Cl}{\underset{\displaystyle |}{C}}=CH_2 \longrightarrow \left(CH_2-CH=\overset{\displaystyle Cl}{\underset{\displaystyle |}{C}}-CH_2\right)_n$$

其玻璃化温度为$-40\sim50℃$，能溶于苯、氯仿，具有良好的黏合性，耐日光、耐臭氧老化，耐溶剂，抗酸碱和防燃烧性能优良，是一种重要的非结构胶，但是储存稳定性较差，耐热、耐寒性不够好（见表3-10）。

表3-10　主要合成橡胶胶黏剂的性能及用途

胶黏剂种类	性能					用途
	黏附性	弹性	内聚强度	耐热性	耐溶剂性	
氯丁橡胶	良	中	优	良	中	金属-橡胶、塑料、织物粘接
丁腈橡胶	中	中	中	优	良	金属-织物、耐油制品粘接
丁苯橡胶	中	中	中	中	差	橡胶制品粘接
羧基橡胶	良	中	中	中	良	金属-非金属粘接
聚硫橡胶	良	差	差	差	优	耐油密封
硅橡胶	差	差	差	优	中	耐热密封

① 氯丁橡胶胶黏剂配方组成。氯丁橡胶经溶剂溶解就可以配制成氯丁橡胶胶黏剂，但性能较差，常用的氯丁橡胶胶黏剂都是以氯丁橡胶为主体，加入配合剂，如硫化剂、促进剂、防老剂、填料、溶剂等改善其性能。

a. 硫化体系。加入硫化体系使链状结构形成网状或体状结构，加强强度。常用硫化体系是氧化镁和氧化锌，140℃高温下硫化，一般来说，100份（质量份）氯丁橡胶加入4份氧化镁和5份氧化锌即可。

b. 防老剂。高分子化合物由于本身结构所致，容易在环境中发生老化，必须加入防老剂来延长使用寿命。防老剂主要组成是一些抗氧化剂、光稳定剂、热稳定剂、变价金属抑制剂。常用的防老剂有 N-苯基-β-萘胺、N-苯基-α-萘胺、苯乙烯化苯酚、2,6-二叔丁基对甲酚，一般用量为2%左右。

c. 硫化促进剂。硫化促进剂可以提高胶黏剂的耐热性，常用的有三异氰酸苯酯甲烷、均二苯硫脲、乙烯硫脲、三乙基亚甲基三胺，一般用量为每100份橡胶加入2~4份促进剂。

② 氯丁橡胶胶黏剂的制备工艺。

a. 氯丁橡胶的塑炼、混炼过程。氯丁橡胶低温条件下很容易结晶，放置时间越长塑性越差，胶料发硬，使用时需要加热处理改变结晶状态，使其变软。一般情况下，使用前在24~40℃条件下将胶块烘4~6h（50kg整胶块），或于70℃温度下烘20min（小片胶块）。由于氯丁橡胶可塑性高，往往不必单独塑炼，但常在开炼机中以低温（30~40℃）、小辊距（<0.5~1mm）、低容量下塑炼15min，可以切断部分大分子链。

混炼的目的是借助炼胶机滚筒的机械力将固体混合剂粉碎之后均匀地混合到胶料中去。为了防止混炼过程中发生焦烧和粘滚筒现象，应该在加入其他配合剂混炼一段时间后，再加入氧化锌和硫化促进剂。氯丁橡胶对温度敏感，70℃以下呈弹性态，在剪切力作用下可以使添加的各种助剂均匀分散，而且此状态下进行混炼不会粘辊，下片方便；

温度高于 70℃，氯丁橡胶呈松散颗粒状，内聚力减小，表面出现裂口，混炼时严重粘辊，下片困难；温度高于 93℃，氯丁橡胶变为没有韧性的塑性态。因此，一般将混炼温度控制在 40～50℃。

b. 胶黏剂配制。经塑炼、混炼后的氯丁橡胶将胶块切成小片，按选择的溶剂比例加入容器内搅拌溶解，溶解时间长则胶液黏度大，因而溶解时要适当调整电机功率，控制好搅拌速度，不宜过慢或过快。胶片溶解后，再加入其他助剂，搅拌均匀。

③ 填料型氯丁橡胶胶黏剂。填料型氯丁橡胶胶黏剂一般适用于用量较大，而对性能要求不太高的粘接场合。如木材、织物、PVC、地板革等的粘接。如下述配方（质量份）：

氯丁橡胶(通用型)	100	防老剂	2
氧化锌	10	汽油	136
氧化镁	8	乙酸乙酯	272

注：硫化条件为室温下 1～7 天。该胶主要用于橡胶与金属的粘接、聚氯乙烯地板的铺设粘接等。

④ 树脂改性型氯丁橡胶胶黏剂。加入改性树脂的目的是为了改善纯氯丁胶或填料型氯丁胶耐热性不好、粘接力低等缺陷。松香树脂、古马隆树脂、烷基酚醛树脂等都可对氯丁胶进行改性，其中应用最广的是热固性烷基酚醛树脂。这种树脂分子极性较大，可以提高粘接能力，且可以与氧化镁生成高熔点化合物，从而提高胶黏剂耐热性（一般的，用于配制氯丁-酚醛胶的对叔丁基酚醛树脂，分子量为 700～1000，熔点为 80～90℃，用量为 45～100份）。配方（质量份）举例如下：

配方组成	甲组分	配方组成	乙组分
氯丁橡胶（专用型）	100	叔丁基酚醛	100
氧化镁	4	氧化镁	4
氧化锌	5	水	0.5～1
防老剂	2	混合溶剂	645

注：配制方法：将配方甲混炼，配方乙在 25～30℃下反应 16～24h，再将混炼后的配方甲加入预反应的配方乙中，溶解均匀即可。该胶黏剂具有优良的耐热性和初始粘接强度，胶层柔韧性好，可粘接橡胶与橡胶、橡胶与金属以及织物等。

（2）丁腈橡胶胶黏剂

丁腈橡胶是由丁二烯、丙烯腈乳液共聚制得的弹性高聚物。反应式如下：

$$mH_2C{=}CH{-}CH{=}CH_2 + nCH_2{=}CHCN \longrightarrow {+}(CH_2CH{=}CH{-}CH_2)_m(CH_2{-}CHCN)_{\frac{}{n}}$$

丁腈橡胶胶黏剂是以丁腈橡胶为基体，加入适合的配合剂配制而成，具有良好的耐热性、耐油性、储存稳定性，对极性材料的黏附效果好，缺点是对光和热敏感，容易变色且价格昂贵。

① 丁腈橡胶胶黏剂配方组成。单一的丁腈胶是不能作为胶黏剂使用的，需加入适合的配合剂才能获得理想效果，如硫化剂、促进剂、防老剂、填料、溶剂等改善其性能。

② 丁腈橡胶胶黏剂的制备工艺。丁腈橡胶胶黏剂有两种形式，胶膜和胶液。膜状胶黏剂制备方法根据胶黏剂的物理状态决定，分为干法和湿法两种，干法即无溶剂成膜法，成膜时不需加入溶剂，把胶黏剂基料直接通过压延机连续压延成膜或刮涂在载体上；湿法是溶剂成膜法，先制胶黏剂溶液，经处理后烘干脱溶剂，再在室温下揭膜。液状胶黏剂制备步骤：丁腈生胶加热、加入配合剂、混合炼制、切碎、加入溶剂搅拌成浆。

a. 通用型丁苯橡胶胶黏剂配方（质量份）实例：

丁苯橡胶	100	防老剂	3.2
氧化锌	3.2	炭黑	适量
硫黄	8	邻苯二甲酸二丁酯	3.2
促进剂 DM	3.2	二甲苯	1000

注：硫化条件为 148℃，30min。

b. 单组分丁苯橡胶胶黏剂配方（质量份）实例：

丁苯橡胶 3604	100	二硫化四甲基秋兰姆	3
多聚甲醛	6	防老剂 D	1
氧化锌	15	防老剂 4010	1
白炭黑	15	间苯二甲醛树脂	25
喷雾炭黑	20	E-51 环氧树脂	15

注：炼胶与乙酸乙酯 1∶3 混溶配制，该胶 36℃下 48h 固化。

c. 双组分丁苯橡胶胶黏剂配方（质量份）实例：

配方组成	A 组分	B 组分	配方组成	A 组分	B 组分
丁苯橡胶	100	100	香豆酮-茚树脂	25	25
氧化锌	5	5	α-羟基丁醛-α-萘胺	5	5
硫黄	6		防老剂 4010		1
炭黑（槽黑）	50	50	芳香油	25	25
			α-巯基苯		6

注：A、B 组分分别混炼 15min，然后分别溶于氯苯或甲乙酮中配成 20% 溶液。使用时 B 组分中加入 25 份促进剂 808，再将 A、B 组分等体积混合。室温下即可固化。

（3）其他合成橡胶胶黏剂

除上述氯丁橡胶胶黏剂和丁腈橡胶胶黏剂外，还有许多品种，它们各有特性和用途。

① 丁苯橡胶胶黏剂。丁苯橡胶是由丁二烯和苯乙烯乳液聚合制得的无规共聚物。由于它的极性小，黏性差，很少单独作胶黏剂用，大多会加入松香、古马隆树脂和多异氰酸酯等树脂改性以增加黏附性能。改性后的丁苯橡胶可用于橡胶、金属、织物、木材、纸张、玻璃等材料的黏合。配方（质量份）如下：

丁苯橡胶	100	防老剂 D	3.2
氧化锌	3.2	炭黑	适量
硫黄	8	二甲苯	1000
促进剂 DM	3.2	邻苯二甲醛树脂	32

注：硫化条件为 148℃，30min，主要用于橡胶和金属的粘接。

② 硅橡胶胶黏剂。硅橡胶胶黏剂以线型聚硅氧烷为基体，分子主链由硅、氧原子交替组成，其分子结构为：

$$\begin{array}{c} R \\ | \\ {-}\!\!\left[\,Si{-}O\,\right]_n \\ | \\ R \end{array}$$

硅橡胶胶黏剂具有很好的耐寒性、耐热性和防老性，在 −65～250℃ 的温度范围内都可以保持优良的柔韧性和弹性，并且具有优异的防潮性和电气性能。缺点是粘接强度不高，高温下的耐化学介质性较差。配方（质量份）如下：

SD-33 硅橡胶	480	甲基三丙肟基硅烷甲苯溶液	560
二氧化硅	120	二丁基氧化锡∶正硅酸乙酯=1∶10	1.4
二氧化钛	20		

注：硫化条件为室温下 1～2h，主要用于电子元件的粘接、灌注和密封。

③ 聚硫橡胶胶黏剂。聚硫橡胶是一种类似橡胶的多硫乙烯基树脂，它是由二氯乙烷与硫化钠或二氯化物与多硫化钠缩聚制得，反应式如下：

$$n\mathrm{Na_2S_4} + n\mathrm{ClCH_2CH_2Cl} \longrightarrow \left[\!\!\!\begin{array}{c}\mathrm{CH_2-CH_2S_4}\end{array}\!\!\!\right]_n + 2n\mathrm{NaCl}$$

它具有优良的耐油、耐溶剂、耐氧、耐臭氧、耐光和耐候性，以及较好的气密性能和黏附性能。用于金属与金属、织物与非金属、玻璃与玻璃等之间的粘接。配方（质量份）如下：

聚硫橡胶	100	二氧化锰	1
半补强炭黑	30	E-20 环氧树脂	4
气相二氧化硅	10	E-35 环氧树脂	4
二氧化钛	10	丙酮	5
		促进剂 NA-22	1.5

注：硫化条件为室温下 10 天或 100℃下 8h。可用于铝合金的粘接。此配方抗拉强度大于 4MPa，剥离强度大于 40N/cm，使用温度－50～130℃。

（五）无机胶黏剂

无机胶黏剂是由无机物（包括无机酸、无机碱、无机盐以及金属氧化物、金属氢氧化物等）组成的胶黏剂，有着十分悠久的历史，其特点是能耐高温（使用温度可达 1000℃以上，瞬时耐热达 3000℃），且不被氧化、不燃、不老化、毒性小，主要用来粘接受力较小的物体和刚性体。被广泛用于机械制造维修，特别是需要耐高温或低温的环境。

无机胶黏剂按化学组分可分为磷酸盐、硅酸盐、硫酸盐、硼酸盐和氧化物等，其中以磷酸盐胶黏剂、硅酸盐胶黏剂应用最多。

（1）磷酸盐胶黏剂

磷酸盐胶黏剂是以磷酸或磷酸盐为结合剂，加入固化剂和骨材组成，一般分为四种类型：磷酸的硅物、磷酸锌、磷酸氧化物及其他磷酸盐类。最大的特点是水溶性好，耐温性也很出色，而最大的缺点是呈脆性。

磷酸硅化物常作牙科用胶黏剂，其热膨胀系数与人的牙齿相同，且耐口腔中各种食物的浸蚀；磷酸锌盐也是一种牙科用胶黏剂；磷酸-氧化铜胶黏剂主要用于陶瓷车刀、硬质合金车刀和铰刀等刀具的粘接。以下为磷酸盐胶黏剂的制备实例：

配方 1（质量份）

氧化铜	3.4～4.5
磷酸氢氧化铝溶液（由 100mL 磷酸和 5～8g 氢氧化铝配制而成）	1mL

注：制备工艺：在氧化铜粉末中倒入磷酸氢氧化铝溶液，调成能拉丝条时进行粘接。固化条件：粘接时先在 50℃下烘 1h，然后在 80～100℃温度下烘 2h。

配方 2（质量份）

氢氧化铝	10
磷酸	100mL

注：制备工艺：取 10mL 磷酸与氢氧化铝充分搅拌，再把剩余的 90mL 磷酸倒入调和，然后在 80℃下加热溶解成透明状，冷却即可使用。固化条件：80℃下 20min 即可固化。

配方 3（质量份）

硅酸钡	65	对羟基苯甲酸酯	0.3
无水甘油	35	抗菌素	1.0

注：制备工艺：各组分混合均匀后，制成膏状即可使用，主要用于牙科。

（2）硅酸盐胶黏剂

硅酸盐类胶黏剂一般以碱金属硅酸盐为黏料，加入固化剂和填料组成，包括硅酸钠胶黏剂、硅酸盐-石墨胶黏剂、硅酸钠水泥胶黏剂等。

为了改善硅酸钠水溶液的黏结性能，通常要加入食盐来提高其溶液黏度；加入尿素、硼砂、纯碱提高其粘接强度；加入石灰提高胶黏剂的耐水性；掺入一定直径的有机纤维，降低固化物的收缩率。以下为磷酸盐胶黏剂的制备实例。

配方1（质量份）

玻璃质釉质粉	50	硅酸钠	适量
氧化铁	50		

注：制备工艺：将玻璃质釉质粉、氧化铁分别过320目筛，称量后用硅酸钠调成糊状。固化条件：室温下固化3h，然后40～60℃下3h，80～100℃下3h，120～150℃下2h。

配方2（质量份）

水玻璃	100	淀粉	20
硼砂	0.1	水	适量

注：制备工艺：加热条件下，将淀粉溶于水，再加入水玻璃，80℃以上保温30min，加入硼砂水溶液后搅拌混合均匀。用于纸制品（包装纸箱）及办公胶水制造。固化条件：室温下固化。

（六）功能性胶黏剂

功能性胶黏剂是指具有特殊性能、用途和应用工艺的一类胶黏剂，这些胶黏剂通常不按基本化学组成的方法来分类，按照用途可分为：导热胶黏剂、导电胶黏剂、密封胶黏剂、灌封胶黏剂、点焊胶黏剂、水中胶黏剂等；按应用工艺可分为：热熔胶黏剂、压敏胶黏剂、厌氧胶黏剂、光敏胶黏剂和微胶囊胶黏剂等。

（1）厌氧胶黏剂

厌氧胶又称绝氧胶，是一种新型密封胶黏剂，最早起源于20世纪40年代末。它与空气、氧气接触不会固化，一旦隔绝空气，再加上金属表面的催化作用，立刻固化，所以说厌氧胶属于一种引发和阻聚共存的体系，其具有黏度低、毒性小、耐热性、耐溶剂性好、残胶易清洗等优点。厌氧胶的组成成分比较复杂，以不饱和单体为主要组成成分，还会有芳香胺、酚类、芳香肼、过氧化物等。这种胶黏剂广泛应用于机械制造业的装配、维修当中。经过多年的发展，到20世纪80年代末出现了第四代结构型厌氧胶，实现了厌氧胶的微胶囊化，更优化了厌氧胶的性能，克服了传统厌氧胶的一些缺点。

① 厌氧胶配方组成。厌氧胶是一个多组分体系，一般由游离基聚合型单体、引发剂、促进剂、稳定剂、增塑剂等组成。

a. 单体：聚合型单体是厌氧胶的最基本成分，占总质量的$80\%\sim95\%$。此类单体常见的有：丙烯酸羟乙酯、丙烯酸羟丙酯、甲基丙烯酸羟乙酯、甲基丙烯酸羟丙酯、双酚A环氧丙烯酸酯等。

b. 引发剂：厌氧胶隔绝空气后靠引发剂产生的自由基引发单体聚合。常用引发剂有：有机过氧化物、过氧化氢、过氧化铜等。

c. 促进剂：加入促进剂可加速固化。

d. 助促进剂：助促进剂可加速促进剂的固化作用，但其本身无固化作用。

② 厌氧胶制备工艺及性能。

a. 铁锚300系厌氧胶。配方（质量份）及工艺：

甲基丙烯酸双酯	100	过氧化二异丙苯	1～3
一	一	一	一
N,N-二甲基苯胺	适量	对苯二酚	适量

注：制备工艺：各组分室温下混合，搅拌均匀即可。固化条件：粘接部隔绝氧气，室温下 10～60min 可定件固牢，3～6h 可达到高强度，24h 完全固化。施工工艺：涂胶方法有三种。第一，直接涂在螺栓和螺帽上，然后旋紧；装配好后，将胶液滴到螺纹上，让其自然渗入螺纹空隙中；填补沙眼，将铸件加热到 90～100℃，使沙孔中流体排出，降温至 60～80℃，用毛笔将胶液涂在有孔的表面上，很快固化，冷却后装配。

铁锚 300 系厌氧胶性能指标如表 3-11 所示。

表 3-11　铁锚 300 系厌氧胶性能指标

型号	外观	黏度 /mPa·s	定位时间 （25℃）/min	破坏扭矩 /N·cm	迁出扭矩 /N·cm	使用温度 /℃
300	浅黄液体	9	10～20	1500	＞3000	−55～120
302	固体	10～20	＜30	3000	＞4000	−55～120
322	固体	600～800	20～30	400～600	100～300	−55～120
342	固体	600～800	20～30	800～1000	200～500	−55～150
350	棕红色液体	1400	＜30	2000	3000	−55～120
352	固体	400～600	10～20	2000	3000	−55～120
353	黄悬	900～1100	20～30	2000	3000	−55～150
360	褐胶	800～1000	20～30	＞1000	＞2000	−55～150

b. GY 系列厌氧胶。GY 系列厌氧胶由各种甲基丙烯酸双酯、改性剂、添加剂、填料及氧化还原催化剂、稳定剂等所组成，已应用在国产汽车、拖拉机、工程机械、军工以及家用产品生产当中。螺纹锁固密封厌氧胶性能指标如表 3-12 所示。

表 3-12　螺纹锁固密封厌氧胶性能指标

型号	黏度 /mPa·s	破坏扭矩 /N·cm	黏出扭矩 /N·cm	固化速度/h		使用温度 /℃
				初固	固化	
GY-210	100～150	55～60	＜0.5	1.5		−15～150
GY-230	100～150	10～22.5	27	＜0.5	1.5	−15～150
GY-220	600～800	5.5～11.5	1.5～6.0	＜0.5	1	−55～150
GY-240	800～3000	10～22.5	2～7	＜0.5	1	−55～150
GY-245	4000～7000	10～22.5	2～7	＜0.5	1	−55～150
GY-250	400～800	20～30	20～30.5	＜0.5	1.5	−55～150
GY-255	400～7000	20～40	15～35	＜0.5	1.5	−55～150
GY-260	800～3000	20～40	10～30	＜0.5	1	−55～150
GY-265	1500～5000	15～30	25～40	＜0.5	1	−55～150
GY-280	10～25	2.5～11.5	17～35	＜0.5	1	−55～150

GY-100、GY-200、GY-300 系列施胶时应在干净的钢铁表面滴涂胶液，胶量应充足，不留空隙，静置固化。

（2）热熔胶黏剂

热熔胶黏剂是一种以热塑性树脂为基体的无溶剂胶黏剂，在室温下通常呈固态，加热熔融成液态，涂布被粘物后，经压合、冷却可迅速可达到高强度粘接，与其他胶黏剂相比，热熔胶不含溶剂，减少污染，便于储运，且粘接迅速，适于连续与自动化操作，可通过加热和冷却方法反复进行粘接件的装配拆卸。但是，热熔胶也存在耐热性差、润湿性不好、胶液熔融时流动性小、机械强度偏低等缺陷。目前，被广泛应用在印刷、包装、制鞋、汽车、电子、服装、工艺品制作等行业。热熔胶按性质、组分分类：

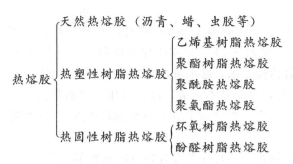

① 热熔胶配方组成。热熔胶一般由主体聚合物、增黏剂、增塑剂、蜡类、抗氧化剂及填料等组成。在各种类型热熔胶中，加入的添加剂的品种及其作用是基本相同的。

a. 聚合物。它是热熔胶的主要组成部分，主要影响热熔胶粘接强度和内聚力。使用较多的是乙烯和醋酸乙烯的共聚物、聚酯和聚氨酯等。

b. 增黏剂。具有降低主体聚合物的熔融温度，控制固化速度，改善润湿性，提高黏附性能的作用。常用的增黏剂有松香树脂、萜烯树脂、古马隆树脂等，用量一般为30%～50%。

c. 增塑剂。使胶层具有柔韧性和耐低温性能。常用的增塑剂有邻苯二甲酸酯类和磷酸酯类化合物。但用量不宜过多，否则会引起增塑剂迁移，使粘接强度和耐热性降低。

d. 蜡。除聚酯、聚酰胺等少数热熔胶不用蜡外，一般均需加入一定的蜡，可以降低熔融温度与黏度，防止自黏，改进操作性能，降低成本，防止胶黏剂渗透基体。常用的蜡有烷烃石蜡、微晶石蜡、聚乙烯蜡等。

e. 抗氧化剂。防止热熔胶在高温熔融状态下热氧化和热分解，保持其性能稳定。常用的抗氧化剂有叔丁基对甲酚、安息香酸钠、4,4′-双（6-叔丁基间甲酚）硫醚（RC）等，用量为0～1%。

f. 填料。防止渗胶，减少收缩率，同时增加胶黏剂的内聚强度，降低成本。常用的填料有碳酸钙、滑石粉、黏土、二氧化钛、硫酸钡、炭黑等，用量为0～5%，不宜太大。

② 热熔胶制备工艺。

a. 酚醛树脂热熔胶制备。以聚乙烯醇缩醛热熔胶为例：于三口瓶中加入100g聚乙烯醇、80g甲醇、0.3g硫酸和800g蒸馏水，开始搅拌，加入80g丁醛，搅拌均匀得混合溶液。取300g该混合溶液转移至2L三口瓶中再加入80g丁醛，剧烈搅拌，控制温度在70℃以下，20min内将剩余混合溶液滴加完，之后，在20min内加入600mL蒸馏水，再搅拌10min后再加入3g浓硫酸（用25mL蒸馏水稀释），继续搅拌1h，将树脂过滤，洗涤、干燥即可。再将甲阶酚醛树脂与聚乙烯醇缩丁醛混合，而后加入少量乙醇得聚乙烯醇缩醛热熔胶。

b. 聚酯热熔胶制备工艺。由多元酸和多元醇经过酯化反应和缩聚反应制得的饱和线型热塑性树脂，加入增塑剂、增黏剂、填料等便可制成聚酯热熔胶。常用的多元酸多元醇有对苯二甲酸二甲酯、间苯二甲酸乙二醇和丁二醇等。

聚酯热熔胶的性能与分子量的大小有关，随着分子量的增加，熔融黏度和熔点均有所提高。若在饱和聚酯的分子直链中引入苯基，将提高它的熔点、抗张强度和耐热性，引入烷基和醚键将改善熔融黏度、挠曲性和柔韧性，但这种酯热熔胶润湿性和粘接强度相对较差。配方组成（质量份）：

| 对苯二甲酸二甲酯 | 80 | 癸二酸 | 20 |
| 间苯二甲酸 | 50 | 1,4-丁二醇 | 适量 |

按配方投入各种原料后，升温至 100℃ 左右，开始搅拌，并通入惰性气体，升温至 150℃，开始酯化反应，保温 0.5h，分馏柱柱温控制在 103℃ 以下，继续升温至（195±5）℃，保温反应至酸值达到要求，缩水量达到理论缩水量的 2/3～3/4 时，开始减压蒸馏，除水。酸值降至 50 左右，反应基本完成，停止减压。树脂降温至 130℃ 时与苯乙烯混合。稀释釜温度控制在 95℃ 以下，但要高于 70℃（聚酯软化点）。缩聚制成胶片，加热至 200℃ 以上熔融使用。

除上述介绍的胶黏剂外，尚有许多很有特点的胶黏剂品种，如导电胶黏剂、导磁胶黏剂、超低温胶黏剂、光学功能胶黏剂、水下固化胶、潜性固化胶、静电植绒胶黏剂、应变胶、制动胶等。

二、粘接技术简介

粘接技术是指利用适宜的胶黏剂作为修复工艺材料，采用适当的接头形式和合理的粘接工艺而达到连接目的，将待修零部件进行修复的技术。将各种材质、形状、大小、厚薄、软硬相同或不同的材料（零件）连接成为一个连续、牢固、稳定、整体的一种工艺方法。

（一）粘接技术的优、缺点

粘接技术除了具有简便、快捷、高效、价廉等特点外，还可以粘接一些其他连接方式无法连接的材料或结构，如实现金属与非金属的粘接，克服铸铁、铝焊接时易裂和铝不能与铸铁、钢焊接等问题。并能在有些场合有效地代替焊接、铆接、螺纹连接和其他机械连接。目前粘接技术的应用已渗入到国民经济的各个部门中，成为工业生产中不可缺少的技术，在高技术领域中的应用也十分广泛。

粘接作为三大连接技术（机械连接、焊接和粘接）之一，是一种较新的工艺，具有其独特的优点：

① 使用范围广。可实现不同种类、不同形状材料之间的连接，即使是极小、极脆的零件，都可以粘接，这是其他连接方法所无法相比的。

② 胶层具有较好的密封性能，提高产品结构内部器件的耐介质性能。同时，胶层将被粘物隔开，可以减少不同金属间连接的电位腐蚀。

③ 应力分布均匀，耐疲劳强度高，不易产生应力破坏。由于粘接面积大，接触处应力分布较均匀，完全克服了其他连接方法应力集中所引起的疲劳龟裂。

④ 提高生产效率，降低成本。胶黏剂可以在几分钟甚至几秒钟内就能将复杂构件牢固地连接起来，无需专门设备，操作人员也不要很高的技术，劳动强度较少，一次完成，既快又经济，而复杂结构的铆接、焊接需多种工序。

但是，用胶黏剂粘接仍有不足之处，其主要缺点如下：

① 耐候性差。在空气、日光、风雨、冷热等气候条件下，会产生老化现象，影响使用寿命。

② 粘接的不均匀扯离和剥离强度低，容易在接头边缘首先破坏。

③ 与机械物理连接法相比，溶剂型胶黏剂的溶剂易挥发，而且某些胶黏剂易燃、有毒，会对环境和人体产生危害。

（二）粘接接头设计

用胶黏剂将两个不同或相同性质的物体连接在一起并具有实用价值的力学性能，两者间夹着胶黏剂的这个部分称为粘接接头。

受到外力作用时，应力分布在接头的每一个部分上，外力达到破坏力量时，即使是接头任何一个小部分被破坏，整个接头就被完全破坏了，因此，粘接接头的强度和组成这个接头的每个部分的应力及其相互关系都决定着整个接头的承载力，除了选择合适的胶黏剂，设计正确的接头也是十分重要的。接头设计要遵循的基本原则如下：

① 合理地增加粘接面积，提高接头承载能力；

② 避免应力集中，保证应力分布均匀；

③ 接头设计尽量保证胶层厚度一致；

④ 防止层压制品的层间剥离。

一般设计得到粘接接头主要有四种形式，对接、角接、T形接和平接，实际工作中无论使用的粘接接头多复杂，其实都是这四种形式组合起来的（见图 3-5）。

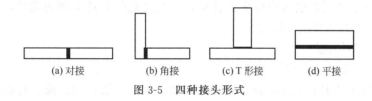

| (a) 对接 | (b) 角接 | (c) T 形接 | (d) 平接 |

图 3-5　四种接头形式

（三）影响粘接强度的因素

实际应用中，影响粘接强度的因素很复杂，我们大致归纳出以下几种重要的影响因素。

（1）分子量

一般的，聚合物分子量大，则黏度高，不利于浸润，虽然内聚力高，但得不到粘接强度高的接头；反之，聚合物分子量小，则黏度低，流动性好，易于浸润固体表面，但是由于其内聚力低，也会导致粘接强度不高。因此，要选择分子量适中的聚合物，即具有良好的流动性，又要有一定的内聚力，这样才能保证得到粘接强度较高的粘接接头。几种聚合物粘接最佳聚合度参见表 3-13。

表 3-13　几种聚合物粘接最佳聚合度

聚合物	聚合度	聚合物	聚合度
聚醋酸乙烯	60～200	氯乙酸乙烯共聚物	100～150
聚丙烯酸乙酯	80～150	聚异丁烯	50～150

（2）分子结构

聚合物分子主链上常带有侧链，存在的空间位阻阻碍了分子链节运动，不利于润湿固体表面，影响粘接效果，但如果侧链足够长，可以起到分子链的作用，则这些长侧链将比主链更易于扩散到被粘物内。

（3）分子极性

并不是增加分子极性就一定利于提高粘接强度。经验规律是：极性胶黏剂适用于粘接极性材料；非极性胶黏剂适用于粘接非极性材料。但经化学处理，使得非极性被粘物表面产生了极性（如采用萘-钠液处理四氟乙烯），也可以用极性胶黏剂粘接，同样能得到良好的粘接效果。

（4）环境中水分

水分常以液态或气态形式存在于工作环境中，因此它的作用更有普遍性。水的表面张力为 72.8mN/m，金属、玻璃等材料的表面对水的吸附力很强，而水本身又是最常用的清洗剂，想彻底清除水分是很困难的。

（四）粘接表面处理方法

（1）表面处理的重要性

为了保证粘接的顺利进行，也为了获得粘接强度高、耐久性能好的粘接制品，通常需要对被粘接面进行表面处理，表面处理的好坏会直接影响粘接成功与否，原因有如下几点：

① 制件表面在进行粘接前准备时，经常带有油污、脱膜剂、风化层、锈蚀层等杂物，这些不清洁、不结实的表面层不清除干净，势必会大大影响粘接性能。

② 对被粘物表面进行粗化处理，可以增大被粘接件的实际粘接面积，如果用喷砂处理抛光的金属表面可以使粘接面积增加 20 倍，另外，粗糙的表面使得固化后的胶黏剂与被粘物形成更多的啮合结构，从而提高粘接强度。

③ 通过表面处理可以改善固体表面性能，如经过化学处理金属表面后，可以提高被粘物表面张力，从而提高其粘接强度。

（2）表面处理的方法

表面处理的方法主要有以下几种：

① 溶剂清洗法。主要是清除表面油污及其他脏物，一般使用价廉、易得的有机溶剂对表面进行擦拭。

② 机械处理法。用喷砂进行表面处理，也可使用砂轮、砂布进行表面打毛处理。

③ 化学处理法。如溶剂清洗、酸、碱或无机盐溶液处理、等离子体处理等。

【实训项目】 胶黏剂聚醋酸乙烯乳液制备

（1）制备原理

聚醋酸乙烯是以醋酸乙烯为单体，通过游离基（自由基）乳液聚合反应而形成的。因而它们形成的反应遵循游离基加聚反应的一般规律，需经过链引发、链增长和链终止三个阶段。

① 链引发。引发剂是一种易于分解而产生自由基的化合物。过硫酸铵在加热时便分解成硫酸根离子型初级自由基，再与醋酸乙烯单体结合，形成单体自由基。

② 链增长。单体自由基又和单体结合，形成链自由基再与单体结合，链进一步增长，从而得到高分子的聚合物。

③ 链终止。增长着的自由基一旦失去活性中心，链增长即告终止。

（2）配方组成（见表 3-14）

表 3-14　配方组成、用量及作用

组　　成	状态	用量	作用
醋酸乙烯酯(VAc)	液态	53.5mL	单体
过硫酸铵(APS)	固态	1g	引发剂
聚乙烯醇(PVA-1788)	固态	6g	保护胶体
邻苯二甲酸二丁酯(DBP)	液态	8mL	增塑剂
碳酸氢钠(NaHCO$_3$)	固态	0.25g	缓冲剂
OP-10(烷基酚的环氧乙烷缩合物)	液态	1g	乳化剂
蒸馏水	液态	88mL	介质

① 单体。醋酸乙烯单体。

② 水。水是分散介质。在反应过程中及最后产物中，醋酸乙烯单体或聚醋酸乙烯的颗

粒都是分散在水中的。聚合反应在水中进行，反应热可以更好地得到分散，放热反应较易控制，有助于制得均匀的高分子量产物，反应中水通常占总组分质量的 60%～80%，要求除氧和正离子。

③ 引发剂。一般采用水溶性过氧化物作引发剂，如过氧化氢、过硫酸钾、过硫酸铵、过氧化二苯甲酰等。用量为单体质量的 0.1%～1%。

④ 乳化剂。乳液聚合中，乳化剂的使用起着关键作用，所用乳化剂的性质和用量对反应速率、分散体系的稳定性及聚合物的性质影响很大。所以，每一种乳液聚合都应该精细选择合适的乳化剂。所谓乳化剂是结构上一端具有亲水基团，另一端具有亲油基团的化合物，如油酸钠、歧化松香钠、烷基硫酸钠、聚乙烯醇等。而聚乙烯醇对聚醋酸乙烯的乳液聚合是较好的乳化剂。聚乙烯醇用量多为单体质量的 9% 左右。

⑤ 保护胶体。保护胶体在黏性的聚合物颗粒表面形成保护层，以防止其合并与凝结，使乳液保持稳定。常用聚乙烯醇，也可用胶黏剂、水溶性纤维衍生物等。如用聚乙烯醇作乳化剂，则其同时也起保护胶体的作用，不需另加保护胶体。

⑥ 调节剂。

a. 表面张力调节剂。用于降低表面张力、保持乳液的稳定性和调节单体液滴在乳液中的大小。一般用含 5～6 个碳原子的脂肪族醇类（如戊醇、己醇与辛醇等），用量为单体质量的 0.1%～0.5%。也可用辛基苯酚聚氧乙烯醚（OP-10），用量为单体质量的 1.12% 左右。

b. 聚合度调节剂。用于控制聚合程序，调节聚合物的分子量。常用四氯化碳、十二碳硫醇与多硫化物等，用量为单体质量的 2%～5%。

c. 介质 pH 调节剂（又称缓冲剂）。用于保持反应介质的 pH 值，介质的 pH 值越高，引发剂分解得越快，形成活性中心越多，聚合速度就越快，故可以通过缓冲剂来控制聚合速度。常用磷酸盐、硫酸盐、乙酸盐等，用量为单体质量的 2%～4%。

（3）制备步骤

① 把聚乙烯醇 6.0145g 和蒸馏水 78mL 加入四口瓶中，开动搅拌并加热控制 10min，升温至 90℃，溶解 1h，溶液逐渐由絮状的白色变透明。

② 降温至 40℃ 左右，将已溶解的 PVA 水溶液过滤后投入四口瓶中，加辛基苯酚聚氧乙烯醚 1.0324g 和乙酸乙烯酯 21.5mL，大约半小时后乳化剂全部溶解；取过硫酸铵 1g，用 5mL 将其溶解，将一半溶液加入四口瓶中。

③ 升温，在 30min 内升至 65℃ 左右，当有回流时（30～40min），温度自升至 70℃，此时回流正常，之后有微弱的蓝色荧光出现，即开始加单体（在 2～3h 内加完）。同时每半小时加过硫酸铵溶液，反应温度偏高或偏低，可适当控制加单体的流量及引发剂的量，但不得超过配方的总量。

④ 单体加完后，缓慢升温至 72℃ 保持 10min，再升温至 75℃ 保持 10min，再升温至 78℃ 保持 10min，最后升温至 80℃ 保持 10min。之后冷却至 40℃ 以下，加入碳酸氢钠溶液（0.25g 碳酸氢钠溶液溶于 5mL 水配好的溶液）。调节 pH 值至 5～6 即可，再加入邻苯二甲酸二丁酯 8mL，搅拌均匀即可。

（4）乳液性能测定

① pH 值测定：用精密 pH 试纸测其 pH 值。

② 固含量测定：先称取一定量乳液，放入 105℃ 烘箱中干燥 1h，再称量剩余物质量，计算乳液的固含量。

③ 黏度测定：在 23℃下用旋转式黏度计测定乳液黏度。

【思考题】

1. 胶黏剂主要有哪些种类？

2. 简述粘接的基本原理。

3. 简述黏附机理。

4. 简述胶黏剂配方组成和释义。

5. 简述胶黏剂配方设计原则。

6. 简述胶黏剂配方设计的基本步骤。

7. 提高胶黏剂强度的方法有哪些？

8. 简述环氧树脂胶黏剂配方及制备方法。

9. 简述酚醛树脂胶黏剂配方及制备方法。

10. 简述聚氨酯胶黏剂配方及制备方法。

11. 简述醋酸乙烯酯胶黏剂配方及制备方法。

12. 简述丙烯酸酯胶黏剂配方及制备方法。

13. 简述丁腈橡胶胶黏剂配方及制备方法。

14. 简述厌氧胶黏剂配方及制备方法。

15. 简述热熔胶黏剂配方及制备方法。

16. 简述粘接技术的优、缺点。

17. 阐述粘接接头设计。

18. 影响粘接强度的因素有哪些？

19. 简述粘接表面处理方法。

项目四　涂料应用配方与制备

教学情境一
涂料产品配方与制备方案构思与设计

任务一　水基涂料产品配方与制备资料查询与方案设计

【任务介绍】

某涂料生产企业的技术开发中心正在开发涂料新产品，需要数名精化专业高职院校毕业生作项目助理，在项目主管的指导下，学习涂料产品相关理论知识，在资料查询、搜集、整理、归类、吸收、利用等工作任务基础上，完成涂料新产品开发设计方案，并提交研发报告构思部分、方案设计部分的内容。

【任务分析】

1. 能登陆知网查询水基涂料原理、配方、实验室制备、实验仪器、实验步骤、注意事项发展趋势等文献；

2. 能整理、归类、吸收、利用查询、搜集的相关文献资料

3. 知晓涂料的作用、分类、发展趋势；

4. 知晓涂料颜料体积浓度及配色技术；

5. 熟知涂料成膜原理配方组成、释义及设计原则；

6. 熟知涂料主要成膜物、次要成膜物、辅助成膜物种类及作用；

7. 依据涂料成膜原理配方及设计原则，作配方原理设计；

8. 依据涂料主要成膜物质种类及作用，作配方主体结构设计；

9. 依据涂料次要成膜物质颜料、体质颜料的种类及作用，作配方优化设计；

10. 依据涂料辅助成膜物质溶剂、助剂的种类及作用，作配方增效设计；

11. 依据配方设计，能设计可行的实验方案；

12. 能撰写产品研发报告构思部分、方案设计部分相关内容。

【任务实施】

主要任务	完 成 要 求	地 点	备注
1. 查阅资料	1. 能登陆知网查询水基涂料原理、配方、实验室制备、实验仪器、实验步骤、注意事项、发展趋势等文献； 2. 能整理、归类、吸收、利用查询、搜集的相关文献资料	构思设计室	

续表

主要任务	完 成 要 求	地 点	备注
2. 总结涂料的特性、原理、种类、作用、原则	1. 知晓涂料的作用、分类、发展趋势； 2. 知晓涂料颜料体积浓度及配色技术； 3. 熟知涂料成膜原理配方组成、释义及设计原则； 4. 熟知涂料主要成膜物、次要成膜物、辅助成膜物种类及作用	构思设计室	
3. 配方构思、设计	1. 依据涂料成膜原理配方及设计原则，作配方原理设计； 2. 依据涂料主要成膜物质种类及作用，作配方主体结构设计； 3. 依据涂料次要成膜物质颜料、体质颜料的种类及作用，作配方优化设计； 4. 依据涂料辅助成膜物质溶剂、助剂的种类及作用，作配方增效设计； 5. 依据配方设计，能设计可行的实验方案	构思设计室	
4. 企业参观、实践	1. 涂料生产企业； 2. 涂料营销企业	相关企业、公司	

【任务评价】

主要任务	完 成 要 求	分值	得分
1. 查阅资料	1. 能登陆知网查询水基涂料原理、配方、实验室制备、实验仪器、实验步骤、注意事项、发展趋势等文献； 2. 能整理、归类、吸收、利用查询、搜集的相关文献资料	20	
2. 总结涂料的特性、原理、种类、作用、原则	1. 知晓涂料的作用、分类、发展趋势； 2. 知晓涂料颜料体积浓度及配色技术； 3. 熟知涂料成膜原理配方组成、释义及设计原则； 4. 熟知涂料主要成膜物、次要成膜物、辅助成膜物种类及作用	20	

续表

主要任务	完　成　要　求	分值	得分
3. 配方构思、设计	1. 依据涂料成膜原理配方及设计原则,作配方原理设计; 2. 依据涂料主要成膜物质种类及作用,作配方主体结构设计; 3. 依据涂料次要成膜物质颜料、体质颜料的种类及作用,作配方优化设计; 4. 依据涂料辅助成膜物质溶剂、助剂的种类及作用,作配方增效设计; 5. 依据配方设计,能设计可行的实验方案	30	
4. 企业调查、参观	1. 涂料生产企业; 2. 涂料营销企业	10	
5. 学习、调查报告	1. 能撰写水基涂料配方产品研发报告的分类、用途、原理、配方、实验室制备、实验仪器、实验步骤、注意事项、现状及发展趋势部分; 2. 能撰写水基涂料产品研发报告构思部分、方案设计部分内容	20	

【相关知识】

一、涂料概论

涂料是覆盖于物体表面且能结成坚韧保护膜的物料的总称。以前常被称为“油漆”是因为采用植物油作为成膜物质。自20世纪以来,各种合成树脂获得迅速发展,用其作主要成分配制的涂装材料被更广义地称为“涂料”。

石油化工和有机合成工业的发展,为涂料工业提供了新的原料来源,使许多新型涂料不再使用植物油脂。所以,“油漆”这个名词就显得不够贴切,而代之以“涂料”这个新的名词。因此,可以这样定义涂料:涂料是一种可用特定的施工方法涂布在物体表面上,经过固化能形成连续性的涂膜的物质,并能通过涂膜对被涂物体起到保护装饰等作用。

(一)涂料的作用

人类自远古以来,就使用涂料。如古埃及人在木乃伊箱上使用油漆。而从古至今,中国漆器更是名扬世界。进入近代文明社会以来,涂料的应用更是日益广泛。总的说来,涂料的作用如下:

(1)保护作用

金属、木材等材料长期暴露在空气中会受到水分、气体、微生物、紫外线辐射的侵蚀,若使用涂料就能延长其使用期限,因为涂料的涂膜能防止材料磨损并能隔绝外界的有害影响。对金属来说,有些涂料还能起缓蚀作用,如磷化底漆可使金属表面钝化。一座钢铁桥梁如果不用涂料保护,其寿命只有几年,而用涂料保护并且维修得当,则可以有百年以上的寿命。

（2）装饰作用

房屋、家具、日常用品涂上涂料使人感到美观。机器设备涂上锤纹漆，不但美观，而且可以经常用水或上光脂擦洗打光。

（3）色彩标志

目前，应用涂料作标志的色彩在国际上已逐渐标准化。各种化学品、危险品的容器可利用涂料的色彩作为标志；各种管道、机械设备也可用各种颜色的涂料作为标志；道路划线、交通运输也可用不同色彩的涂料来表示警告、危险、停止、前进等信号。

（4）特殊用途

这方面的用途日益广泛。船底被海生物附殖后就会影响航行速度，用船底防污漆就能使海生物不再附殖；导电的涂料可移去静电，而电阻大的涂料却可用于加热保温的目的；空间计划中需要能吸收或反射辐射的涂料，导弹外壳的涂料在其进入大气层时能消耗自身同时也能使摩擦生成的强热消散，从而保护了导弹外壳；吸收声音的涂料可以增加潜艇下潜深度。

（5）其他作用

在日常生活中，涂料用于纸、塑料薄膜、皮革服装等上面，使它们能抗水、抗皱。

（二）涂料的分类

涂料应用历史悠久，使用范围广泛，品种近千种。根据长期形成的习惯，有以下几种分类方法。

（1）按涂料剂型分类

分为溶剂型涂料、高固体分涂料、水性涂料、非水分散涂料及粉末涂料等。其中非水分散涂料与乳胶漆相似，差别在于乳胶漆以水为分散介质，树脂依靠乳化剂的作用分散于水中，形成油/水结构的乳液，而非水分散涂料则是以脂肪烃为分散介质，形成油/油乳液。高固体分涂料通常是涂料的固含量高于70%的涂料。

（2）按涂料用途分类

分为建筑涂料、工业用涂料和维护涂料。工业用涂料包括汽车涂料、船舶涂料、飞机涂料、木器涂料、皮革涂料、纸张涂料、卷材涂料、塑料涂料等工业化涂装用涂料。卷材涂料是生产预涂卷材用的涂料，预涂卷材是将成卷的金属薄板涂上涂料或层压上塑料薄膜后，以成卷或单张出售的有机材料/金属板材。它又被称为有机涂层钢板、彩色钢板、塑料复合钢板等，可以直接加工成型，不需要再进行涂装。预涂卷材主要用于建筑物的屋面或墙面等。

（3）按涂膜功能分类

有防锈漆、防腐漆、绝缘漆、防污漆、耐高温涂料、导电涂料等。涂料工业中的色漆主要是两大类品种：底漆和面漆。底漆注重附着牢固和防腐蚀保护作用好；面漆注重装饰和户外保护作用。两者配套使用，构成一个坚固的涂层，但其组成上有很大差别。面漆的涂层要具有良好的装饰与保护功能。常将面漆称为磁漆（也称为瓷漆），磁漆中选用耐光和着色良好的颜料，漆膜通常平整光滑、坚韧耐磨，像瓷器一样。

（4）按施工方法分类

有喷漆、浸渍漆、电泳漆、烘漆等。喷漆是用喷枪喷涂的涂料。浸渍漆是把工件放入盛漆的容器中蘸上涂料的。靠电泳方法施工的水溶性漆称为电泳漆。烘漆是指必须经过一定温度的烘烤，才能干燥成膜的涂料品种，特别是用两种以上成膜物质混合组成的品种，在常温下不起反应，只有经过烘烤才能使分子间的官能团发生交联反应以便成膜。

（5）按成膜机理分类

有反应型涂料和非反应型涂料。非反应型涂料是热塑性涂料，包括挥发性涂料、热塑性粉末涂料、乳胶漆等。反应型涂料包括气干性涂料、固化剂固化干燥的涂料、烘烤固化的涂料及辐射固化涂料等。气干性是涂装后在室温下涂料与空气中的氧或潮气反应就自行干燥。

（6）按主要成膜物质分类

根据原化工部颁布的涂料分类方法，按主要成膜物质分成 17 类（见表 4-1）。

表 4-1　涂料按主要成膜物质分类

序号	成膜物质类别	主要成膜物质
1	油性类	天然动植物油、清油(熟油)、合成油
2	天然树脂类	松香及其衍生物、虫胶、乳酪素、动物胶、大漆及其衍生物
3	酚醛树脂类	改性酚醛树脂、纯酚醛树脂、二甲苯树脂
4	沥青类	天然沥青、石油沥青、煤焦沥青、硬质酸沥青
5	醇酸树脂类	甘油醇酸树脂、季戊四醇醇酸树脂、改性醇酸树脂
6	氨基树脂类	脲醛树脂、三聚氰胺甲醛树脂
7	硝基类	硝基纤维素、改性硝基纤维素
8	纤维素类	乙基纤维、苄基纤维、羟甲基纤维、醋酸纤维、醋酸丁酯纤维、其他纤维及酯类
9	过氯乙烯类	过氯乙烯树脂、改性过氯乙烯树脂
10	乙烯类	氯乙烯共聚树脂、聚醋酸乙烯及其共聚物、聚乙烯醇缩醛树脂、聚二乙烯乙炔树脂
11	丙烯酸类	丙烯酸酯树脂、丙烯酸共聚物及其他改性树脂
12	聚酯类	饱和聚酯树脂、不饱和聚酯树脂
13	环氧树脂类	环氧树脂、改性环氧树脂
14	聚氨酯类	聚氨基甲酸酯
15	元素有机类	有机硅、有机钛、有机铝等元素有机聚合物
16	橡胶类	天然橡胶及其衍生物、合成橡胶及其衍生物
17	其他类	上述16大类未包括的成膜物质,如无机高分子材料、聚酰亚胺树脂等

（三）涂料成膜的原理

涂料涂布于物体表面上后，由液体或不连续的粉末状态转变为致密的固体连续薄膜的过程，称为涂膜的干燥，或固化。涂膜干燥是涂料施工的主要内容之一。由于这一过程不仅占用很多时间，而且有时能耗很高，因而对涂料施工的效率和经济性产生重大的影响。涂膜的固化机理有三种类型，一种是物理机理，其余两种是化学机理。

（1）物理机理固化

只靠涂料中液体（溶剂或分散相）蒸发而得到干硬涂膜的干燥过程称为物理机理固化。高聚物在制成涂料时已经具有较大的分子量，失去溶剂后就变硬而不黏，在干燥过程中，高聚物不发生化学反应。

（2）涂料与空气发生反应的交联固化

氧气能与干性植物油和其他不饱和化合物反应而产生游离基并引起聚合反应，水分也能和异氰酸酯发生反应，这两种反应都能得到交联的涂膜，所以在储存期间，涂料罐必须密封良好，与空气隔绝，通常用低分子量的聚合物（分子量 1000～5000）或分子量较大的简单分子，这样，涂料的固体分可以高一些。

（3）涂料之间发生反应的交联固化

涂料在储存期间必须保持稳定，可以用双罐装涂料的方法或是选用在常温下互不发生反应，只是在高温下或是受到辐射时才发生反应的组分。

（四）涂料的发展趋势

随着社会的发展和科技的进步，人们生活水平的不断提高，环境保护的意识逐渐增强，对资源的利用越来越珍惜，对涂装产品质量要求越来越高，促使涂料工业朝着高性能、高保护、低污染、低消耗的环保型涂料方向发展，无污染、环保型的水性涂料、粉末涂料、高固体分涂料等将成为涂料的重要产品。

（1）高固体分涂料

在环境保护措施日益强化的情况下，高固体分涂料有了迅速发展。其中以氨基、丙烯酸和氨基-丙烯酸涂料的应用较为普遍。高固体分涂料即固体分含量较高的溶剂型涂料，一般固体分含量在 65%～85% 的涂料便可称为高固体分涂料。由于溶剂型涂料在技术和性能等多方面的优势，在今后相当长时间内仍会存在，特别是通过降低树脂分子量、极性和玻璃化温度（T_g）使树脂更易溶解于有机溶剂，同时还可使用催化剂来提高反应活性。目前国内外高固体分涂料的研究开发重点是低温或常温固化型、官能团反应型、快固化且耐酸碱、耐擦伤性好的高固体分涂料。总之，采用各种办法减少 VOC 排放，保留溶剂型涂料的优越性，高固体分涂料就会得到发展。高固体分涂料发展到极点就是无溶剂涂料（无溶剂涂料又称活性溶剂涂料），如近几年迅速崛起的聚脲弹性体涂料就是此类涂料的代表。它目前主要应用于汽车工业、石油化工储罐以及海洋和海岸设施等重防腐工业等。

与传统溶剂型涂料相比，超高固体分涂料有如下特点：其一可节约大量有机溶剂，若以85% 的超高固体分涂料替代目前固含量为 55% 的普通涂料，以我国现有年产量计，每年可节约有机溶剂近百万吨；其二超高固体分涂料的使用，大大降低了有机溶剂对环境的污染和对人们健康的危害；其三有机溶剂是造成涂料生产过程中毒与火灾事故的主要原因，而超高固体分涂料的生产基本实现了无溶剂操作；其四能够提高施工效率、降低涂饰成本；其五可使用传统的设备来生产和使用高固体分涂料，基本上不需要重新投资建设生产厂和施工设施。

（2）无溶剂涂料

无溶剂涂料，又可称活性溶剂涂料，指溶剂最终成为涂膜组分，在固化成膜过程中不向大气中排放 VOC。典型的无溶剂涂料就是粉末涂料，不含有机溶剂的液体。无溶剂涂料有双液型（双包装）、能量束固化型、单液（单包装）型等。粉末涂料是 100% 的固含量的涂料，具有一次成膜、厚度大、少污染、环境友好等特点，主要用于门窗、围墙和电杆、护栏等以及建筑用管材的涂装。粉末涂料是发展最快的涂料品种。粉末涂料理论上是绝对的零VOC 涂料，具有其独特的优点，也许是将来完全摒弃 VOC 后涂料发展的最主要方向之一，但目前还存在一定的缺点和局限性，例如涂料的制造成本高，烘烤固化温度高，涂料的调色麻烦，涂装时需要专用涂料设备，涂膜外观不如溶剂型涂料，涂膜厚度过厚，涂装时换色不方便等问题。为了使其在工业涂料中的比例不断增加，粉末涂料将向低温固化、薄膜化、功能化、专用化等方向发展。

（3）光固化涂料

光固化是一种快速发展的绿色新技术，从 20 世纪 70 年代至今，辐射固化技术在发达国家的应用越来越普及。其和传统涂料固化技术相比，辐射固化具有节能无污染、高效、适用于热敏基材、性能优异、采用设备小等优点。

辐射固化涂料是以采用辐射固化技术为特征的环保节能型涂料。光固化涂料在光照下几乎所有成分参与交联聚合，进入到膜层，成为交联网状结构的一部分，可视为 100％固含量的涂料，光固化涂料具有固化速度快（因而生产效率高）、少污染、节能、固化产物性能优异等优点，是一种环境友好型绿色涂料。

辐射固化技术从辐射光源和溶剂类型来看可分为紫外（UV）固化技术、非紫外光固化技术、油性光固化技术、水性光固化技术。

辐射固化技术产品中 80％以上是紫外线固化技术（UVCT）。随着人类环保意识增强，发达国家对涂料使用的立法越来越严格，在涂料应用领域，辐射固化取代传统热固化必将成为一种趋势。在近几十年中，该领域的发展非常迅猛，每年都在以 20％～25％的速度增长。

光固化涂料也是一种不用溶剂、很节省能源的涂料，主要用于木器和家具等。在欧洲和发达国家的木器和家具用漆的品种中，光固化型市场潜力大，很受大企业青睐，主要是木器家具流水作业的需要，美国现约有 700 多条大型光固化涂装线，德国、日本等大约有 40％的高级家具采用光固化涂料。最近又开发出聚氨酯丙烯酸光固化涂料，它是将有丙烯酸酯端基的聚氨酯低聚物溶于活性稀释剂（光聚合性丙烯酸单体）中而制成的。它既保持了丙烯酸树脂光固化涂料的特性，也具有特别好的柔性、附着力、耐化学腐蚀性和耐磨性，主要用于木器家具、塑料等的涂装。

（4）水性涂料

由于水性涂料的优越性十分突出，因此，近十年来，水性涂料在一般工业涂料领域的应用日益扩大，已经替代了不少惯用的溶剂型涂料。随着各国对挥发性有机物及有毒物质的限制越来越严格，以及树脂和配方的优化和适用助剂的开发，预计水性涂料在用于金属防锈涂料、装饰性涂料、建筑涂料等方面替代溶剂型涂料将取得突破性进展。乳胶涂料在水性涂料中，乳胶涂料占绝对优势。如美国的乳胶涂料占建筑涂料的 90％。乳胶涂料的研究成果约占全部涂料研究成果的 20％。近年来对金属用乳胶涂料作了大量研究并获得十分可喜的进展，美国、日本、德国等国家已生产出金属防锈底、面漆，在市场上颇受欢迎。热塑性乳胶基料常用丙烯酸聚合物，丙烯酸共聚物或聚氨酯分散体，通过大分子量的颗粒聚结而固化成膜。乳胶颗粒的聚结性关系到乳胶成膜的性能。近几年来，着重于强附着性基料和快干基料的研制，以及混合树脂胶的开发。一般水性乳胶聚合物对疏水性底材（如塑料和净化度差的金属）附着性差。为提高乳胶附着力，必须注意乳胶聚合物和配方的设计，使其尽量与底材的表面接近，并精心选择合适的聚结剂，降低水的临界表面张力，以适应临界表面张力较低的市售塑料。新开发的聚合物乳胶容易聚结，使聚结剂用量少也能很好地成膜，现已在家具、机器和各种用具等塑料制品上广泛应用。新研制的乳胶混合物弥补了水稀释性醇酸/刚性热塑性乳胶各自的不足，通过配方设计，已解决了混溶性和稳定性差的问题。

以水为溶剂或分散介质的涂料均称为水性涂料。水性涂料分为水溶性和水乳性两大类。水性涂料以水为溶剂，使成膜物质均匀分散或溶解在水中。它具有以下优点：①水来源方便，易于净化；②施工储运过程中无火灾危险；③不含苯类等有机溶剂，有益于人类健康；

④可采用喷、刷、涂、流、浸、电泳等多种施工，容易实现自动化涂装。水性涂料的最大特征是以水取代有机溶剂作溶剂，与溶剂型涂料相比，不仅具有成本低、施工方便、不污染环境等特点，而且从根本上消除了溶剂型涂料在生产和施工过程中因溶剂挥发而产生的火灾隐患，也减少了有害有机溶剂对人体的危害，深受广大用户的喜爱。水性涂料对建筑涂料的前瞻产品是十分重要的，在汽车和木器家具方面也有非常乐观的应用前景。欧、日、美等发达国家对水性涂料的开发和应用非常重视，水性涂料已占德国建筑涂料总量的93%，发展最慢的挪威也已经有47%的建筑涂料实现水性化。到20世纪末，水性涂料的产量已占世界涂料总产量的30%左右，与溶剂型涂料基本相当。预计到2015年，水性涂料将占世界涂料市场40%的份额。

二、涂料配方组成及设计原则

（一）涂料配方组成及释义

涂料要经过施工在物件表面而形成涂膜，因而涂料的组成中就包含了为完成施工过程和组成涂膜所需要的组分。其中组成涂膜的组分是最重要的，是每一个涂料品种中所必须含有的，这种组分通称成膜物质。在带有颜色的涂膜中颜料是其组成中的一个重要组分。为了完成施工过程，涂料组成中有时含有溶剂组分。为了施工和涂膜性能等方面的需要，涂料组成中有时含有助剂组分。

表 4-2　涂料配方组成

组　　成		原　　料
主要成膜物质	油料	动物油：鲨鱼油、带鱼油、牛油等
		植物油：桐油、豆油、蓖麻油等
	树脂	天然树脂：虫胶、松香、天然沥青等
		合成树脂：酚醛、醇酸、氨基、丙烯酸酯树脂等
次要成膜物质	颜料	无机颜料：钛白粉、氧化锌、铬黄、铁蓝、炭黑等
		有机颜料：甲苯胺红、酞菁蓝、耐晒黄等
		防锈颜料：红丹、锌铬黄、偏硼酸钡等
	体质颜料	滑石粉、碳酸钙、硫酸钡等
辅助成膜物质	助剂	增塑剂、催干剂、固化剂、稳定剂、防霉剂、防污剂、乳化剂、润湿剂、防结皮剂、引发剂等
	溶剂	石油溶剂（如200号油漆溶剂）、苯、甲苯、二甲苯、氯苯、松节油、环戊二烯、醋酸丁酯、丁醇、乙醇等

涂料的组成如表4-2所示，其中，作为主要成膜物质的树脂是最重要的组成部分，涂料最终的物理机械性能，主要取决于主要成膜物质的性质。植物油和天然树脂曾经是最早的主要成膜物质，直到今天，它仍是油性漆不可缺少的重要组成部分。随着石油工业的发展，合成树脂作为一类新的成膜物质迅速在涂料领域得到了广泛的应用和发展。由于原料丰富、成膜性能良好并具有植物油和天然树脂所无法替代的优异性能，如今，绝大部分涂料都是以合成树脂作为主要成膜物质。

作为次要成膜物质的颜料主要包括着色颜料和体质颜料。

体质颜料又称填料，是通过对天然石料研磨加工或通过人工合成方式制造而成的不溶于基料和溶剂的微细粉末物质，在涂料中没有着色作用和遮盖能力。在其涂料中的主要作用是降低涂料的成本，同时，它对涂料的流动、沉降等物理性能以及涂膜的力学性能、渗透性、光泽和流平性等也有很大的影响。最常用的品种主要有：重晶石粉、沉淀硫酸钡、滑石粉、碳酸钙、瓷土、云母粉和石英粉等。

着色颜料按其化学成分可分为无机颜料和有机颜料，这两种颜料在性能和用途上有很大区别，但在涂料中应用都是很普遍的，共同之处是用来使涂料具有各种色彩和遮盖力。作为保护性涂料（包括各种防锈涂料等）主要使用无机颜料，而有机颜料则主要用于各种装饰性涂料中。最常用的几种着色颜料主要有：用作白色颜料的钛白粉、立德粉、氧化锌和铅白、锑白等；作为黄色颜料的铬黄、锌铬黄、铁黄、镉黄等无机颜料以及耐晒黄、联苯氨黄 G、永固黄等有机颜料；作为红色颜料的氧化铁红、红丹等无机颜料以及甲苯胺红、大红粉、甲苯胺紫红等有机颜料；作为蓝色颜料的铁蓝、群青等无机颜料以及酞菁蓝 BS 等有机颜料；此外，还有黑色的炭黑、绿色的铅铬绿、酞菁绿 G 等无机和有机着色颜料。

催干剂、固化剂、分散剂、流平剂、增稠剂、消泡剂等助剂以及稀释剂等辅助成膜物质，对涂料的物理性质、施工性能、成膜性能以及成膜后的涂层物理机械性能等都有很大的影响。各类助剂的合理选用，可以大大改善涂层的装饰与防护性，同时，助剂的合理应用也是涂料研制者需要花大力气研究的问题。

（二）主要成膜物质种类及作用

以树脂为成膜材料的各种树脂涂料在涂料中已占有很大的比重。涂料用树脂从来源可分为三类：来源于自然界的天然树脂，用天然高分子化合物经过化学反应制得的人造树脂及用化工原料合成的合成树脂（见表 4-2）。

当代涂料中使用最多的是合成树脂，一般可按合成方法分为加聚型及缩聚型树脂，由于性能要求多样化及其他方面要求（如：成本、施工性能等），有些涂料用合成树脂难以区分为加聚型与缩聚型，如不饱和聚酯、苯乙烯改性醇酸树脂、丙烯酸改性醇酸树脂等，既有不饱和乙烯单体的加聚，也有醇酸树脂的缩聚。

在涂料工业常用溶液聚合及乳液聚合来得到树脂溶液或乳液，以生产溶剂型涂料及乳胶漆。涂料中使用的树脂形成的涂膜需有一定的保护与装饰特性，为了满足多方面要求，常要几种树脂合用或树脂与油合用，这就要求树脂之间、树脂与油之间有很好的混溶性。另外，涂料最常用的形式是液状，这就要求树脂能溶解在价廉易得的溶剂中。为此，在分子量及化学结构上对涂料用树脂都有一定的要求。

① 涂料用树脂作为成膜物质其分子量对成膜性有很大影响，涂料成膜后在不同环境中起保护作用，就要求涂膜的机械强度好、耐老化、耐腐蚀等。因此，应要求其分子量越高越好，但是分子量高的树脂溶解性不好，和其他树脂混溶性不好，对颜料的润湿性不好，这就影响涂料的制造。涂料用树脂有两种，一种是热固性树脂，这类树脂在涂料施工前，一般分子量都很低（常叫做预聚物），一般在 3000 以下，施工后，在一定条件下，通过预聚体活性官能团（如双键、羧基、羟基、环氧基等），进一步反应形成体型大分子而成膜；另一种是热塑性树脂，供配制挥发性涂料，当溶剂挥发后形成涂膜，而不进行进一步的化学反应。如：纤维素衍生物、乙烯基树脂、氯化橡胶等，所用树脂的分子量比该树脂作橡胶、塑料、纤维时要低，否则难以溶解。分子量下降，提高了对颜料的润湿性。但为保证涂料性能，树脂分子量也不能太低，聚醋酸乙烯分子量为 5000～20000，氯醋共聚物分子量为 9000，硝化纤维素分子量为 50000～300000，因此，一般挥发性漆固含量都不高，常与其他缩聚型树脂混溶提高固体含量。

② 合成树脂化学结构与性能有很大关系，对合成树脂提出的性能会反映在它的结构上。如含有苯环的树脂不耐光，但耐热性和耐辐射性好。含氯量高的树脂对光、热都不稳定，必须加稳定剂。抗水性与树脂亲水基团（如羧基、羟基、酯基等）数量、树脂分子量、交联度

有关。含亲水基团越少，分子量越高，交联度越大，抗水性就越好。涂料的附着力与所用树脂的极性基团的数量、种类成正比。如环氧基、酯基、醚键、羟基、乙烯基、缩醛基等。为了增进非极性加聚型共聚树脂的附着力，常引入极性比较高的第三单体，如顺丁烯二酸酐。涂料用树脂见表 4-3。

表 4-3　涂料用树脂

树脂	种　　类
天然树脂	松香 化石树脂：琥珀、刚果柯巴树脂 半化石树脂：东印度树脂、达麦树脂、安息香脂、乳香等 沥青：天然沥青、石油沥青、煤焦沥青等
人造树脂	松香衍生物：石灰松香、甘油松香、季戊四醇松香、顺丁烯二酸酐松香等 纤维素衍生物：硝酸纤维素、醋酸纤维素、醋丁纤维素、乙基纤维素、苄基纤维素等 天然橡胶衍生物：氯化橡胶、环化橡胶等
合成树脂	缩聚型树脂：酚醛树脂、氨基树脂、醇酸树脂、环氧树脂、聚氨酯、聚酯、聚酰胺、有机硅树脂等 加聚型树脂：聚氯乙烯及共聚树脂、过氯乙烯、聚醋酸乙烯、聚丙烯酸酯及共聚树脂、聚乙烯醇、缩醛、氧茚树脂、萜烯树脂、石油树脂、合成橡胶等

（三）次要成膜物质种类及作用

（1）颜料的种类及作用

颜料是涂料中一个重要的组成部分，它通常是极小的结晶，分散于成膜介质中。颜料和染料不同，染料是可溶的，以分子形式存在于溶液之中，而颜料是不溶的。涂料的质量在很大程度上依靠所加颜料的质量和数量。颜料种类见表 4-4。

表 4-4　颜料种类

颜料体系	颜料种类	颜料体系	颜料种类
白色颜料	钛白粉、锌白、锌钡白（立德粉）等	绿色颜料	酞菁绿、氧化铬绿等
红色颜料	铁红、钼铬红大红、甲苯胺紫红、酞菁红等	蓝色颜料	酞菁蓝、群青、铁蓝等
黄色颜料	柠檬黄、铬黄、镉黄、铁黄等	金属颜料	铝粉、锌粉、铜粉等
黑色颜料	炭黑、铁黑等	体质颜料	滑石粉、云母粉、碳酸钙、硫酸钡等

颜料最重要的是起遮盖和赋予涂层以色彩的作用，除此还有以下作用。

① 增加强度。颜料的活性表面可以和大分子链相结合，形成交联结构。当其中一条链受到应力时，可通过交联点将应力分散。颜料与大分子间的作用力一般是次价力，经过化学处理，可以得到加强。颜料粒子的大小和形状度、强度很有关联，粒子愈细，增强效果愈好。

② 增加附着力。涂料在固化时常伴随有体积的收缩，产生内应力，影响涂料的附着，加入颜料可以减少收缩，改善附着力。

③ 改善流变性能。颜料可以提高涂料黏度，还可以赋予颜料以很好的流变性能，例如，通过添加颜料（如气相 SiO_2）赋予触变性质。

④ 改善耐候性。如炭黑既是黑色颜料又是一个紫外吸收剂。

⑤ 功能作用。如防腐蚀作用，在防腐蚀颜料中有起钝化作用的颜料，如红丹（Pb_3O_4），也有其屏蔽作用的颜料，如锌粉、铝粉、云母及玻璃鳞片等。

⑥ 降低光泽。在涂料中加入颜料可破坏漆膜表面的平滑性，因而可降低光泽，在清漆中常用极细的二氧化硅或蜡来消光。

⑦ 降低成本。许多不起遮盖和色彩作用的颜料（如 $CaCO_3$、SiO_2、滑石粉等）价钱便宜，加入涂料中不影响涂层性质，但可增加体积，大大降低成本。它们称为体积颜料。

各颜料体系中部分颜料的特点和作用如下。

① 钛白　钛白是最重要的白色颜料，其分子式为 TiO_2，是一种白色稳定的化合物（又称二氧化钛）。对大气中各种化学物质稳定，不溶于水和弱酸，微溶于碱，耐热性好。二氧化钛具有优异的颜料品质，由于它的折射率比一般白色颜料高（2.5 以上），对光的吸收少，而散射能力大，使它的光学性能非常好，表现在光泽、白度、消色力、遮盖力都好，在粒度和粒度分布最佳时能发挥出最大效益。二氧化钛有三种结晶体：锐钛型、板钛型和金红石型。颜料用钛白粉分金红石型和锐钛型两类。金红石型是最稳定的结晶形态，结构致密，比锐钛型有更高的硬度、密度、介电常数和折射率，在耐候性和抗粉化方面比锐钛型优越，但锐钛型的白度要比金红石型的好。虽说钛白对可见光的所有波长都能强烈地散射，很少吸收，因而白度高。

② 氧化锌　氧化锌又名锌白，不溶于水，但易溶于酸中，尤其是无机酸，也溶于氢氧化钠或氨水中。遮盖力不高，不如锌钡白，但具有良好的耐光、耐热及耐候性，不粉化，适用于外用漆。氧化锌的主要优点是它的防霉作用，它对紫外线有一定的不透明性，因此户外抗粉化性好。

③ 锌钡白　锌钡白又名立德粉。标准立德粉是硫酸钡和硫化锌等混合物，锌钡白的遮盖力只相当于钛白粉的 20%～25%，但它具有化学惰性和优异的抗碱性，但不耐酸，遇酸分解产生硫化氢，在阳光下有变暗的现象，广泛用于室内装饰涂料，由于产品本身受大气作用不稳定，故不适宜制造高质量的户外涂料。主要用于水乳胶漆及油性漆中。

④ 锑白　锑白以 Sb_2O_3 为主要成分，外观洁白，遮盖力略次于钛白，和锌钡白相近，耐候性优于锌钡白，粉化性小，故耐光、耐热性均佳，对人无毒，价格较高，主要用于防火涂料中。一般色漆中较少使用。

⑤ 炭黑　炭黑是由液态或气态碳氢化合物在适当控制条件下经不完全燃烧或热分解而制成的疏松、极细的黑色粉末。主要成分是碳，也含有少量来自原料的挥发物。

⑥ 氧化铁黑　氧化铁黑具有一定的磁性，故适宜作金属底漆，其附着力和防锈性好。

⑦ 铅铬黄　色泽鲜亮、遮盖力较好、价格低廉等因素，是涂料工业不可缺少的品种。

⑧ 钼铬酸　钼铬酸作为颜料应用具有高光泽和较高着色强度，遮盖力和耐久性均较好。

⑨ 镉黄　镉黄颜色鲜艳，镉黄及其冲淡产品都具有良好的遮盖力，但着色力一般或较差，由于吸油量低，它们易分散在漆基或塑料中。耐光性、耐候性都很好，但有潜伏的毒性，应用时注意。

⑩ 镉红　它的性能基本同于镉黄，坚牢度强，具有耐热、耐光、耐候等优良性能。虽然它的颜色鲜艳，性能好，但价格贵，只能用在有特殊要求耐高温、耐光、耐候等方面。

⑪ 铁黄　铁黄的化学成分是 $Fe_2O_3 \cdot H_2O$，具有优异的不渗色性、耐化学药品性、耐碱、耐稀酸，铁黄的主色调为黄色，具有强烈吸收蓝色和紫外线的能力，因而当涂膜中含有氧化铁黄颜色时，可以保护高分子材料免遭紫外线的照射发生聚合物的降解。

⑫ 铁红　氧化铁红是重要的无机彩色颜料，仅次于钛白，毒性极小，价格又相当低廉。

⑬ 铬绿　铬绿颜料不是单一化学组分形成的颜料。铬绿颜料具有良好的遮盖力，强的着色力，较好的化学稳定性（耐碱性除外），耐久性适中，耐光性稍差（经助剂处理可在颜料制造中解决），耐热性一般（烘烤温度在 149℃之下）。

⑭ 氧化铬绿　氧化铬绿是单一成分的绿色颜料，为橄榄绿色，遮盖力不如铅铬绿、着色力也不如其他绿色颜料，但它的突出优点为：是绿色颜料中坚牢度最好的品种，有很强的化学稳定性，耐酸或碱，耐光性能强，耐高温。

⑮ 铁蓝　铁蓝的着色力在蓝色颜料中是很高的，但与酞菁蓝相比，只有它的一半，铁蓝的遮盖力不高，不耐晒、不耐稀酸、不耐浓酸、耐碱性极差，耐热性中等，颜料的密度比较小，分散比较困难，在制造时应引起注意。

⑯ 群青　群青除作为最美丽的蓝色颜料外，最大的特点是耐久性高，它耐光、耐候、耐热、耐碱，但遇酸分解、变黄。群青颜色鲜艳、耐久性高，在白漆中使用群青是抵消白漆泛黄的最理想的方法，使白漆洁白纯正，作为增白用。

⑰ 有机颜料　有鲜亮的色彩、着色力强、不易沉淀及具有良好的耐化学性能，性能稳定。在涂料工业中的应用日益增加，按结构分为偶氮颜料、酞菁颜料、喹吖啶酮颜料、异吲哚啉颜料、还原颜料、氮甲型金属络合颜料、其他杂环颜料。酞菁蓝颜料有色泽鲜艳、着色力强、耐光耐热、耐溶剂性好等特点。

（2）体质颜料

体质颜料也称作填充料，和一般的消色颜料及着色颜料不同，在颜色、着色力、遮盖力等方面和前者不能相比，但在涂料应用中可改善某些性能或消除涂料的某些弊病，并可降低涂料的成本。体质颜料除增加色漆体系的 PVC 值外，还可以改善涂料的施工性能，提高颜料的悬浮性和防止流挂的性能，又能提高色漆涂膜的耐水性、耐磨性和耐温性等。因此在色漆中应用体质颜料已从单纯降低色漆成本的目的转向其他功能。表 4-5 为常用体质颜料的品种、性能及规格。

表 4-5　常用体质颜料的品种、性能及规格

填料名称	化学组成	密度/(g/cm³)	吸油量/%	折射率	pH 值
重晶石粉	$BaSO_4$	4.47	6～12	1.64	6.95
沉淀硫酸钡	$BaSO_4$	4.35	10～15	1.64	8.06
重体碳酸钙	$CaCO_3$	2.71	10～25	1.65	—
轻体碳酸钙	$CaCO_3$	2.71	15～60	1.48	7.6～9.8
滑石粉	$3MgO \cdot 4SiO_2 \cdot H_2O$	2.85	15～35	1.59	8.1
瓷土(高岭土)	$Al_2O_3 \cdot 2SiO_2 \cdot 2H_2O$	2.6	30～50	1.56	6.72
云母粉	$K_2O \cdot 3Al_2O_3 \cdot 6SiO_2 \cdot 2H_2O$	2.76～3	40～70	1.59	—
白炭黑	SiO_2	2.6	25	1.55	6.88
碳酸镁(天然)	$MgCO_3$	2.9～3.1	—		
碳酸镁(沉淀)	$11Mg_2CO_3 \cdot 3Mg(OH)_2 \cdot 11H_2O$	2.19	147		9.01
石棉粉	$3MgO \cdot 4SiO_2 \cdot H_2O$	—	15～35		7.39

① 碳酸钙。碳酸钙的化学成分为 $CaCO_3$，用作颜料的碳酸钙有天然的和人工合成的两种，天然产品称为重体碳酸钙，人工合成的称为轻体碳酸钙。天然产品碳酸钙又称大白粉、白垩，来源于石灰石、白云石、方解石等，天然产品的主要成分是碳酸钙，但纯度低。往往含有少量的或大量的碳酸镁，以及二氧化硅及三氧化二铝、铁、磷、硫等杂质。碳酸钙为白色粉末，颗粒粗大。以方解石为原料的产品，粒度在 1.5～12μm 之间，相对密度 2.71，吸油量 6%～15%，pH 值为 9。

② 合成碳酸钙。最通用的体制颜料，纯度都在 98% 以上，不但纯净而且平均粒度在 3μm 以下，一些超细品种的粒度可在 0.06μm 左右，由于颗粒细，吸油量大大增加，达 28%～58%，随品种不同而异，pH 值在 9～10 范围内。超细型的颜色比一般碳酸钙更白、

更纯净。碳酸钙在酸中可以溶解，它是碱性颜料，由于它的 pH 值在 9 左右，不宜与不耐碱颜料共用，却能用于乳胶漆中起缓冲作用。既降低涂料的成本，又起骨架作用，增加涂膜厚度、提高机械强度、耐磨性、悬浮性、中和漆料酸性等。在室外用漆中使用，可减缓粉化速度，并有一定的保色性和防霉作用。

③ 硫酸钡。致密的白色粉末，化学成分是 $BaSO_4$，有天然的和合成的两种，天然产品称重晶石粉，合成产品称沉淀硫酸钡。化学稳定性高，耐酸、耐碱、耐光、耐热，不溶于水，吸油量低，颜色比较白，遮盖力稍强，是一种中性颜料，可制成厚膜底漆，具有填充性能好、流平性好、不渗透性好，并增加漆膜硬度和耐磨性，缺点是密度大，制漆易沉淀。但它易研磨，易与其他颜料、涂料混合，用于底漆。合成产品质量优于天然产品，性能更好，白度高，质地细腻，一般用于更高级用途。

④ 二氧化硅。化学分子式为 SiO_2，有天然产品和人造产品两大类，外观为白色粉状中性物质，化学稳定性比较高，耐酸不耐碱，不溶于水，耐高温，但在物理状态上却有极大的差别，一般来讲，天然产品颗粒粗大，吸油量很低，颜色不够纯净，白色或近于灰色，颗粒比较致密，质地硬，耐磨性强。合成产品颗粒由一般到极细，吸油量由一般到非常高，颜色白或略带蓝相，颗粒状态可以相当膨松。

⑤ 滑石粉。主要化学成分为 $3MgO \cdot 4SiO_2 \cdot H_2O$，外观为白色有光泽的粉末，密度 $2.7 \sim 2.8 g/cm^3$，折射率 $1.54 \sim 1.59$，热稳定性可达 $900 ℃$，pH 值为 $9.0 \sim 9.5$，吸油量 $30\% \sim 50\%$，它是一种天然产品，如滑石块、皂石、滑石土、纤维滑石等，硅酸镁的含量不等，滑石粉的颗粒形态有片状和纤维状两种，片状滑石粉比纤维滑石粉对漆膜的耐水、防潮性更为有利。滑石粉在涂料中不易下沉，并可使其他颜料悬浮，即使下沉也非常容易重新搅起，也可以防止涂料流挂，在漆膜中能吸收伸缩应力，免于发生裂缝和空缝的病态，因此滑石粉适用于室外漆，也适用于耐洗、耐磨漆中。

⑥ 高岭土。成分是 $Al_2O_3 \cdot 2SiO_2 \cdot 2H_2O$，又称水合硅酸铝、瓷土、白陶土，这种天然产品常含有石英、长石、云母等。它的外观为白色粉末，质地松软、洁白，用于底漆中可改进悬浮性，防止颜料沉降，并增强漆膜硬度。近年发现微细的体质颜料可提高钛白粉或其他白色颜料的遮盖能力，钛白粉能发挥最大遮盖效率的粒度在 $0.2 \sim 0.4 \mu m$ 范围才能符合要求，因此应选择同样粒度范围的高岭土才能达到提高钛白粉在涂料中的遮盖力的要求。

⑦ 硅灰石。化学成分为硅酸钙（$CaSiO_3$），有天然的和合成的两种产品，涂料工业用的天然硅灰石产品为极明亮的白色粉末，是一个碱性颜料，pH 值为 9.9，天然硅酸钙用于醋酸乙烯乳胶漆中作缓冲剂，防止 pH 值偏离合理的碱性。由于它的吸油量低也常用于油基漆中。人工合成产品为水合硅酸钙，其化学组分为 $CaSiO_3 \cdot nH_2O$，常规型的水合硅酸钙是白色膨松的粉末，比天然硅灰石体轻，膨松，具有较高的吸附能力，粒度较小（$10 \sim 12 \mu m$），高的比表面积，吸油量高，主要用于稀薄水浆内墙平光涂料中，呈现一定程度的遮盖能力，改善在湿的情况下的耐磨性，有高的平光效应，体现比较好的"修饰"特性。

⑧ 云母粉。化学成分是 $K_2O \cdot 3Al_2O_3 \cdot 6SiO_2 \cdot 2H_2O$，一般涂料常用云母矿，片状细粉的体质颜料用于漆中可增加漆膜弹性，可阻止紫外线的辐射而保护漆膜，防止龟裂，还可防止水分穿透。化学稳定性强，能提高漆膜的耐温、耐候性，能起阻尼、绝缘和减震的作用，还能提高漆膜的机械强度，抗粉化性，耐久性，用于防火漆、耐水漆。与彩色颜料共用可提高光泽而不影响其颜色。

（四）辅助成膜物质种类及作用

1. 溶剂的种类及作用

（1）溶剂的种类

溶剂可分为非极性、弱极性和极性，分子结构对称而又不含极性基团的烃类是非极性的。分子结构不对称又含有极性基团的分子则带有极性。极性溶质溶于极性溶剂中，但不溶于非极性溶剂中。弱极性溶质则不溶于极性溶剂而溶于非极性溶剂中。极性溶剂分子间互相缔合，黏度要比分子量接近的非极性溶剂的黏度高，沸点、熔点、蒸发潜热也较高，而且内聚能较高，挥发度较低。

涂料所用溶剂可以分为三类，通常搭配使用，要求挥发率均匀又有适当溶解能力，避免某一组分不溶而产生析出的现象。

① 真溶剂。它是有溶解此类涂料所用高聚物能力的溶剂。其中醋酸乙酯、丙酮、甲乙酮属于挥发性快的溶剂；醋酸丁酯属于中等挥发性溶剂；醋酸戊酯、环己酮等属于挥发性慢的溶剂。一般说来，挥发性快的溶剂价格低。

② 助溶剂。在一定限量内可与真溶剂混合使用，并有一定的溶解能力，还可影响涂料的其他性能，主要有乙醇或丁醇。乙醇有亲水性，用量过多易导致涂膜泛白。丁醇挥发性较慢，适宜后期作黏度调节。

③ 稀释剂。无溶解高聚物能力，也不能助溶，但它价格较低，和真溶剂、助溶剂混合使用可降低成本。

（2）溶剂的作用

① 降低黏度，调节流变性。涂料是一种浓度较高的高分子溶液，溶剂性质直接影响高分子聚合物的黏度。溶剂对高分子聚合物的溶解能力越强，涂料体系的黏度就越低；另外，所选溶剂的种类、溶剂的用量严重影响着涂料的施工质量。溶剂在涂料中，除了有效分散成膜物质之外，还具有降低体系黏度，调节体系流变性的作用。

② 改变涂料的电阻。静电喷涂法是一种重要的涂装方法，以被涂物为阳极，涂料雾化器为阴极，使两极间产生高压静电场，并在阴极产生电晕放电，使喷出的漆滴带电和进一步雾化、沿电力线方向高效地吸附到被涂物上，完成涂装工作。静电涂装法对涂料的电性能有一定的要求，为达到最好的效果，要求涂料的电阻在一定的范围内，电阻过大，涂料粒子带电困难；电阻过低，容易发生漏电现象。涂料的电阻可以通过溶剂来改变，在高电阻涂料中添加电阻低的溶剂，常用的有氯化烃、硝基烃等；电阻值低的涂料中添加电阻高的极性溶剂，常用的有芳烃、石油醚等。

③ 作为聚合物反应溶剂，控制聚合物的分子量分布。在生产高固体分涂料的聚合物时，选择合适沸点和链转移常数的溶剂作为聚合物介质，可以得到合适的分子量大小和分子量分布。例如，用二甲苯、苯甲醇庚酯和乙酸丙酯等溶剂作聚合溶剂，制备分子量较小且分子量分布窄的丙烯酸酯聚合物。

④ 改进涂料涂布和漆膜性能。通过控制溶剂的挥发速率，可以改进涂料的流动性，提高漆膜的光泽。溶剂的选择影响着涂膜对底材的附着力和湿膜的流平等施工性能。溶剂选择不当会产生很多弊端，如漆膜发白起泡、橘皮流挂等。涂料溶剂的选择要依据涂料性能要求，若要涂膜快干、无缩孔、挥发要快、无流挂、无边缘变厚现象，则溶剂挥发要快；若要涂膜无气泡、不发白、流动性、流平性好，则溶剂挥发要慢。

（3）混合溶剂的选择

涂料中混合溶剂的组成是由其施工工艺条件所控制的，如涂料的干燥温度和干燥时间等。一般在室温下物理干燥的涂料其混合溶剂的组成为45％低沸点溶剂、45％中等沸点溶剂和10％高沸点溶剂。

配方中真溶剂与惰性溶剂的比例要合适，这样才能得到透明无光雾的涂膜。低沸点的溶剂加速干燥，而中等沸点和高沸点的溶剂保证涂抹的成膜无缺陷。烘干漆、烘烤磁漆和卷材涂料的施工温度相对较高，故其溶剂组成中高沸点溶剂含量相应也要高，仅含少量的易挥发溶剂，因为易挥发溶剂会使涂料在烘烤过程中"沸腾"。

在涂料中，溶剂的性质也依赖于树脂的类型。为了获得快干、低溶剂残留的涂抹，混合溶剂的溶解度参数及其氢键参数必须位于树脂溶解度范围的边界部分。另一方面，混合溶剂的这些参数又必须与树脂的参数相近，以保证涂料获得满意的流动性。要找到一个切合实际的平衡点是很困难的，需要做大量的实验。根据溶解度参数理论，选择的混合溶剂中，非溶剂比真溶剂更易挥发，则对加速干燥是很有利的。真溶剂在涂抹中较后挥发，可增加涂料的流动性。溶剂选择时要依据溶剂溶解度参数相近的原则、极性相似原则。

2. 助剂的种类及作用

（1）催干剂

催干剂有金属氧化物、金属盐、金属皂三类使用形式。金属氧化物和金属盐都是在熬漆过程中加入，形成油脂皂后才呈现催干作用。目前使用最多的是金属皂这种形式，金属皂是有机酸和某些金属反应而成的，它的通式是 RCOOM（M—金属部分，RCOO—有机酸部分），催干剂的特性决定于金属部分，而有机酸部分使其发挥催干效果。事实上每种金属的催干性能是不一样的，同种金属皂对不同涂料品种的催干作用也不相同。实际使用最多的为钴、锰、铅、锌、钙、铁、锆、铈、稀土是新型的催干剂。

催干剂的有机酸决定金属皂涂料中的溶解性和相容性。催干剂中有机酸虽不相同，但其呈现的催干特性都相同，如环烷酸铅和亚油酸铅都以催底干为主，但亚麻油酸皂因其溶解性差而降低其催干活性。有机酸的种类很多，用于催干剂的有机酸应在水中的溶解度小；形成的金属皂在连接料及有机溶剂中溶解度好；储存性好，不易氧化及分解；色泽浅，气味小而杂质少；来源广，价格低廉。用于催干剂的有机酸及其特性见表4-6。

表 4-6　用于催干剂的有机酸及其特性

有机酸	酸值/(mgKOH/g)	相对密度	外观
环烷酸	188～200	0.953	暗棕色液体
精制环烷酸	225	0.970	浅琥珀色液体
焦油酸	195	0.902	黏状黄色液体
2-乙基乙酸	385	0.905	水白到浅黄液体
新癸酸	326	0.910	水白清晰液体
异壬酸	345	0.899	水白清晰液体

催干剂可分为活性和辅助两种，其中活性催干剂又可分为氧化型和聚合型，如表 4-7 所示。

催干剂的作用决定于其中金属离子部分，因此，涂料催干剂的用量都是以其所含的金属量来计算的，各种催干剂都规定其金属离子浓度。在实际应用时，油基清漆是以植物油中的金属含量来表示的，各种合成树脂涂料则以树脂固体分中的金属含量来表示。

表 4-7　催干剂的种类

种　类		特　性
活性催干剂	氧化型（表干型）：Co^{2+}，Mn^{2+}，Ce^{3+}，Fe^{2+}	钴是最活泼的氧化型催干剂，促使氧的吸收、过氧化物的形成和分解；锰、铈、铁亦为氧化型催干剂，其活性比钴小得多；铈及铁为烘烤型催干剂；锰为氧化型及聚合型双功能催干剂
	聚合型（底干型）：Pb^{2+}，Zr^{4+}，Re^{3+}	铅是最早使用的聚合型催干剂；锆用在不能用铅催干的配方中；稀土催干剂用于低温及高湿度环境
辅助催干剂	辅助型（助催干型）：Ca^{2+}，Zn^{2+}	钙能提高表干及底干催干剂的效果；锌能改善钴催干剂干性，防止皱皮

（2）增塑剂

增塑剂的主要作用是削弱聚合物分子之间的次价健，即范德华力，从而增加了聚合物分子链的移动性，降低了聚合物分子链的结晶性，即增加了聚合物的塑性，表现为聚合物的硬度、模量、软化温度和脆化温度下降，而伸长率、曲挠性和柔韧性提高。增塑剂按其作用方式可以分为两大类型，即内增塑剂和外增塑剂。

内增塑剂实际上是聚合物的一部分。一般内增塑剂是在聚合物的聚合过程中所引入的第二单体。由于第二单体共聚在聚合物的分子结构中，降低了聚合物分子链的有规度，即降低了聚合物分子链的结晶度。例如氯乙烯-醋酸乙烯共聚物比氯乙烯均聚物更加柔软。内增塑剂的使用温度范围比较窄，而且必须在聚合过程中加入，因此内增塑剂用得较少。

外增塑剂是一个低分子量的化合物或聚合物，把它添加在需要增塑的聚合物内，可增加聚合物的塑性。外增塑剂一般是一种高沸点的较难挥发的液体或低熔点的固体，而且绝大多数都是酯类有机化合物。通常它们不与聚合物起化学反应，和聚合物的相互作用主要是在升高温度时的溶胀作用，与聚合物形成一种固体溶液。外增塑剂性能比较全面且生产和使用方便，应用很广。现在人们一般说的增塑剂都是指外增塑剂。邻苯二甲酸二辛酯（DOP）和邻苯二甲酸二丁酯（DBP）都是外增塑剂。

增塑剂的品种繁多，商品增塑剂 200 多种，常用增塑剂有邻苯二甲酸酯（如 DBP、DOP、DIDP）、脂肪族二元酸酯（如己二酸二辛酯 DOA、癸二酸二辛酯 DOS）、磷酸酯（如磷酸三甲苯酯 TCP、磷酸甲苯二苯酯 CDP）、环氧化合物（如环氧化大豆油、环氧油酸丁酯）、聚合型增塑剂（如己二酸丙二醇聚酯）、苯多酸酯（如 1,2,4-偏苯三酸三异辛酯）、含氯增塑剂（如氯化石蜡、五氯硬脂酸甲酯）、烷基磺酸酯、多元醇酯等。

（3）防潮剂

防潮剂又称防发白剂，是由沸点较高而挥发速度较慢的酯类、醇类及酮类等有机溶剂混合而成的无色透明液体。与硝基漆稀释剂等配合使用时，可在湿度高的环境下施工。用以防止硝基漆膜发白的防潮剂称为硝基漆防潮剂；用于过氯乙烯的防潮剂称为过氯乙烯漆防潮剂。

（4）防结皮剂

在涂料的生产使用过程中，常采用溶剂盖面等隔离空气的措施以延长结皮，但效果不明显。防结皮剂能有效防止结皮。它一般分为两类化合物：肟类和酚类抗氧剂类。肟类是通过与活泼催干剂暂时络合而起作用的，用量根据活泼金属的含量而定。常用的商品肟有甲乙酮肟和丁醛肟。两种产品的有效用量都是对活泼催干剂金属含量质量比为 10:1，在大多数漆中，它的用量范围一般是漆料固体的 0.2%～0.6%，肟能有效地控制结皮而不太减慢干燥时间。常用的肟（含—C=NOH）类防结皮剂有甲乙酮肟、丁醛肟和环己酮肟。

酚类化合物都为抗氧化剂，本身易氧化而使油基漆的氧化结膜受阻以延迟其表面结膜。一般的酚类如对苯二酚与连接料的混溶性较差，而其氧化活性极强，使用时不易控制，常选择邻、对位有取代基的酚类化合物作防结皮剂，其氧化性较适宜，并与油基漆、醇酸漆有良好的混溶性。

酚类防结皮剂价格较低，但对涂料的干性影响较大，用量稍不适宜，会使涂料涂刷后几天不结膜。酚类化合物易泛黄，并与铁反应呈棕色，还具有一些刺激味，故一般的涂料不宜采用酚类防结皮剂。酚类防结皮剂能延迟油基漆的表干，因而使底干较彻底，适用于底漆及浸涂施工的烘干涂料，因这类涂料的干性较快，在施工过程中长期与空气接触而结皮。

（5）固化剂

固化剂又名硬化剂，是一类增进或控制固化反应的物质或混合物。树脂固化是经过缩合、闭环、加成或催化等化学反应，使热固性树脂发生不可逆的变化过程，固化是通过添加固化（交联）剂来完成的。树脂不同，使用的固化剂也不相同。按用途可分为常温固化剂和加热固化剂。环氧树脂常温固化大都使用脂肪胺、脂环胺以及聚酰胺等；中温固化剂和高温固化剂为多胺和酸酐。

（6）流平剂

流平剂是粉末涂料中最重要的助剂品种之一，在粉末涂料配方中，对于要求得到平整光滑的涂抹时，需添加流平剂。作用是粉末涂料熔融流平时，在熔融涂料表面形成极薄的单分子层，以提供均匀的表面张力，同时也使涂料与被涂物之间具有良好的润湿性，从而克服涂膜表面由于局部表面张力不均匀而形成针孔、缩孔等涂膜弊病。常用的流平剂有丙烯酸酯均聚物、丙烯酸酯共聚物、有机硅改性丙烯酸酯聚合物和聚硅氧烷等。

（7）分散剂

分散剂是一种能够提高和改善固体或液体物料分散性能的涂料助剂，是一种高聚物表面活性剂，它具有很高的抗絮凝能力。在固体涂料研磨时，加入分散剂，通过降低液体表面张力效应、起泡倾向和润湿作用，使涂料在高固形物含量下具有较低的黏度，有助于颗粒粉碎并阻止已碎颗粒凝聚而保持分散体稳定，从而保障涂料具有好的流变性。同时可以增加涂膜的光泽，改善流平性，提高涂料的着色和遮盖力，防止浮色、沉降，提高生产效率和涂料的储存稳定性。分散剂的种类很多，常用的分散剂有合成高分子类、多价羧酸类、偶联剂类、硅酸盐类等。选择分散剂应该要求分散性能好，能防止填料粒子之间相互聚集；与树脂、填料有适当的相容性，热稳定性好；成型加工时的流动性好，不影响制品的性能，不引起颜色飘移，无毒、价廉等。

（8）消泡剂

涂料生产中，由于配方中有乳化剂、分散剂和增稠剂等助剂的存在，会产生大量的稳定气泡，在成膜过程中，若气泡不能消失，会造成涂膜缩孔、针眼等弊病。因此，需要加消泡剂。消泡剂的种类很多，涂料中常用的为矿物油类、聚醚类、有机硅类、含胺、亚胺和酰胺类等，具有消泡速度快，抑泡时间长，适用介质范围更广等特点。在选择消泡剂时要求消泡能力强；稳定性好；不影响光泽；没有重涂性等障碍。一般含硅的消泡剂效果较好。大多数消泡剂不能直接加入到已稀释的水性涂料中去，一般要在树脂或涂料黏度较高时加入，最好分两次加入，一次在研磨料中，另一次在成漆时加入。

（五）涂料配方设计的一般原则

涂料的配方设计是一门科学，设计配方要根据被涂装底材的特性状况、涂料的性能和颜色要求、涂料使用环境条件，同时考虑涂料施工方法、施工设备的特点（喷涂、浸涂、刷涂、卷涂、淋涂、辊涂、电泳、静电喷涂）等，才能确定设计思路。涂料配方在设计时要考虑的因素很多，主要因素如下。

（1）涂料性能的要求

主要考虑因素：光泽、颜色、各种耐性、力学性能、户内户外、使用环境各种特殊功能要求等。

涂料树脂体系选择的原则：①根据涂料性能要求；②根据成本要求；③根据使用目的和场合要求；④根据原材料厂商提供的参考配方；⑤根据实验室实验结果；⑥根据现场实验结果；⑦根据个人的经验。

（2）颜填料

主要考虑着色力、遮盖力、密度、表面极性、在树脂中分散性、比表面积、细度、耐候性、耐光性、有害元素含量等。

（3）溶剂

主要考虑对树脂的溶解力、相对挥发速度、沸点、毒性、溶解度参数等。

配方设计中选择溶剂时，首先，要通过溶解度参数选择能溶解树脂的溶剂或混合溶剂，混合溶剂的溶解度参数 $=\Sigma\delta_i \times W_i/W$；其次，建立溶剂挥发速度的大致关系；第三，通过溶解度参数、挥发速率以及体系的黏度、VOC 含量、表面张力、固体分要求等进行优化。

（4）助剂

主要考虑与体系的相容性、相互间的配伍性、负面作用、毒性。助剂选择原则是：高效、负面影响小、性价比高、符合环保要求。

助剂选择时应注意的问题：

① 配伍性。使用助剂时必须注意助剂与基料体系的配伍性问题。很多助剂为了实现某种功能，都具有特定的化学结构及分子量，而涂料的基料（树脂等）也是具有特定结构及分子量的高分子物质，二者必须相互匹配才能发挥助剂的功能。在加入助剂后，若助剂与体系相容性差，则体系呈乳状，表明此助剂不适合该体系；相反，合适的助剂则相容性好，体系透明。

② pH 值。强酸性（碱性）的助剂使用时要考虑到体系的 pH 值，否则易引起化学反应，产生负面影响。

③ 助剂特性与涂膜性能矛盾。特定助剂的特性与涂膜其他性能的冲突和矛盾，例如：抗流挂剂-涂膜流平性，消泡剂-涂膜缩孔，增滑剂-重涂性，成膜助剂-涂膜的抗沾污性（沸点高、易滞留），乳化剂-乳化剂残留会影响涂膜耐水性，光引发剂-残留光引发剂会导致涂膜返黄。

（5）涂覆底材的特性

主要考虑材质、钢铁、铜铝材、木材、混凝土、塑料、橡胶材料、底材表面张力、表面磷化、喷砂的表面处理情况等。界面作用对配方设计十分重要，如涂料干（湿）膜与空气之间的液-固、固-固界面会影响涂膜的外观；涂料树脂与颜、填料之间的液-固界面，则影响颜、填料的分散效果；而涂料与底材之间的液-固、固-固界面，会影响涂料在底材上的附着力、力学性能等。

涂层与底材的界面附着可通过物理和化学方法进行配方设计。

① 物理方法。涂料必须要能渗入表面的微孔中去；涂料的黏度尽可能低；涂料中溶剂挥发不能太快（可使用高沸点溶剂调节）；涂料的固化速度不能太快（如使用仲胺代替伯胺固化剂）；树脂的分子量低一些。

② 化学方法。涂料树脂结构上要有可以与底材结合的锚定基团，如醚基、酯基、羟基、羧基或可以形成氢键的基团等。

（6）原材料的成本

主要考虑客户对产品价格的要求。

（7）施工方法

主要考虑环境条件、施工方法、设备如喷涂、浸涂、刷涂、辊涂、卷涂、淋涂、电泳、静电喷涂等对配方设计的要求。例如建筑外墙涂料配方设计：对于建筑外墙涂料，一般需要具有高附着力、高保光保色性、高户外耐久性、耐碱性、耐沾污性、高抗粉化性、耐洗刷性、抗墙体开裂性等性能要求。典型的外墙白色涂料配方见表 4-8。

表 4-8　典型外墙白色涂料配方

组　成	功　用	用量/g	体积分数/%
Natrosol 250MHR 羟乙基纤维素	增稠剂	3.0	0.26
乙二醇	冻融稳定	25.0	2.65
水		120.0	14.4
Tamol-960	阴离子分散剂	7.1	0.67
三聚磷酸钾	分散稳定剂	1.5	0.07
Triton CF-10	非离子表面活性剂	2.5	0.28
Colloid-643	消泡剂	1.0	0.13
丙二醇	冻融稳定	34.0	3.94
R-902 TiO$_2$	白色颜料	225.0	6.57
AZO-11 ZnO	灭藻剂	25.0	0.54
Minex-4 硅酸铝钾钠	惰性颜料	142.5	6.55
Icecap K 硅酸铝	惰性颜料	50.0	2.33
Attagel 水合硅酸铝钾镁	惰性颜料	5.0	0.25
以 1200～1500r/min 用高速搅拌釜分散 15min,然后慢速加入以下组分:			
Rhoplex AC-64(60.5%)	乳液	320.5	36.21
Colloid-643	消泡剂	3.0	0.39
Texanol 醇酯	成膜助剂	9.7	1.22
Skane M-8	灭藻剂	1.0	0.12
氨水(28%)	pH 调节剂	2.0	0.27
水		65.0	7.8
2.5% Natrosol 250 MHR	增稠剂	125.0	15.15
总计		1167.8	100.00

配方中，丙烯酸酯系乳液 Rhoplex AC-64 为基料，羟乙基纤维素（HEC）用于增加外相黏度和涂料黏度控制；乙二醇和丙二醇为防冻稳定剂；Tamol-960（聚甲基丙烯酸钠）、三聚磷酸钾、Triton CF-10（烷基酚乙氧化物与烷基苯磺酸钠混合物）均为颜料分散剂；消泡剂 Colloid-643 的使用，是因为水性涂料的表面张力高，易起泡；TiO$_2$ 起增白、遮盖作用，经济用量约为 18%；ZnO 遮盖力很低，主要起防藻作用；氨水用来调节 pH 值，一般调到 8～9，体系稳定，对包装桶无腐蚀；Texanol 酯醇（2,2,4-三甲基-1,3-戊二醇单异丁酸

酯）是成膜助剂，降低最低成膜温度（MMFT）；配方的颜料体积浓度（PVC）为43.9%，是一种低光泽涂料。由于乳胶涂料组分较多，又是水性体系，稳定性差，配方设计时考虑要全面，一般按以下顺序设计配方：确定颜料体积浓度（PVC）、确定乳液品种、确定各种助剂、确定色浆配方组成、控制涂料的 VOC、确定最终配方：

$$PVC＝颜料的体积/（颜料的体积＋树脂的体积）$$

【知识拓展】　　　　颜料体积浓度及配色技术

1. 颜料体积浓度理论

（1）颜料体积浓度（PVC）

在色漆形成干漆膜的过程中，溶剂挥发，助剂的量很少，干漆膜中的主要成分是主要成膜物质和颜料。漆膜的功能是通过主要成膜物质和颜料来实现的。因此，决定干漆膜性能的也是主要成膜物质和颜料，它们各自的性能影响漆膜的性能，它们在漆膜中占有的体积之间的比例很显然对漆膜性能有重要影响。因此重点介绍了颜料体积浓度的概念及其在涂料中的应用。在干膜中颜料所占的体积分数叫颜料的体积浓度，用 PVC 表示：

$$颜料体积浓度（PVC）＝颜料体积/漆膜的总体积$$

（2）临界颜料体积浓度（CPVC）

当颜料吸附树脂，并且恰好在颜料紧密堆积的空隙间也充满树脂时，此时的 PVC 称为临界 PVC，用 CPVC 表示。

在 100g 颜料中，把亚麻油逐滴加入，并随时用刮刀混合，初加油时，颜料仍保持松散状，但最后可使全部颜料黏结在一起成球，若继续再加油，体系即变稀。把全部颜料黏结在一起时所用的最小油量为颜料的吸油量（OA）。油量和颜色的 CPVC 具有内在的联系，吸油量其实是在 CPVC 时的吸油量，因此它们可通过下式换算：

$$CPVC＝1/(1+OA\times\rho/93.5)$$

式中，ρ 为颜料的密度；93.5 为亚麻油的密度乘以100所得。

针状氧化锌的密度 $\rho＝5.6g/cm^3$，实验得到其吸油量 $OA＝19$，计算用它配制涂料的 CPVC：

$$CPVC＝1/(1+19\times5.6/93.5)＝0.468(46.8\%)$$

对于混合颜料，采用下式计算：

$$CPVC＝1/(1+SOA_i\times\rho_i f_i/93.5)$$

式中，f_i 是某颜料的体积分数。

基料组成影响吸附层的厚度，但具有给定颜料或颜料组合的 CPVC 却基本上不依赖于基料组成。CPVC 主要取决于涂料中颜料或颜料组成及颜料絮凝程度。

① 易被润湿的颜料或加入分散助剂后，会降低 CPVC 值。因为颜料分散好，每个颜料颗粒上都能够吸附树脂，所以导致体系中 CPVC 值下降。

② 颜料组成相同时，颜料粒径越小，CPVC 就越低。对较小粒径颜料，其表面积对体积的比例就越大。因此，在较小颜料颗粒表面吸附的颜料就越多，在紧密填充的最终涂膜中颜料体积较小。

③ 在紧密堆积的颜料中，粒径分布越广，粒径的颗粒能填充大粒径颗粒形成的间隙中，间隙的体积就越小，所以 CPVC 就越高。

④ 用含絮凝颜料的涂料制成的涂膜，其 CPVC 低于那些不含絮凝颜料涂料制成的涂膜的 CPVC。絮凝是颜料在制成涂料已经均匀分散后，又重新聚集的现象。用含絮凝颜料聚集体的涂料制成的漆膜，颜料分布均匀性较低，因此无法确定哪里颜料浓度会局部过高，含溶剂树脂被陷入在颜料聚集体内。当涂膜干燥时，溶剂从陷入于絮凝颜料中的树脂溶液中扩散出来，导致填充空间的基料不足。

（3）比体积浓度（△）

PVC 和 CPVC 之比称为比体积浓度：

$$比体积浓度（△）＝PVC/CPVC$$

PVC 与漆膜的性能有很大的关系，如遮盖力、光泽、透过性、强度等。当 PVC 达到 CPVC 时，各种性能都有一个转折点。当 PVC 增加时，漆膜的光泽下降。当 PVC 达到 CPVC 时，△＝1，高分子树脂恰好填满颜料紧密堆积所形成的空隙。

若颜料用量再继续增加（△＞1），漆膜内就开始出现空隙，这时高分子树脂的量太少，部分的颜料颗粒没有被黏住，漆膜的透过性大大增加，因此防腐性能明显下降，防污能力也变差。但是由于漆膜里有了空气，增加了光的漫散射，使漆膜光泽（光泽是对光定向反射的结果，漫散射使定向反射光的比例减少）下降，遮盖力迅速增加，着色力也增加，但和漆膜强度有关的力学性能以及附着力明显下降。

腻子的△＞1，漆膜的强度较小，而且强度大，因此容易用砂布打磨除去。腻子不做表面涂层，腻子中的空隙能够被随后涂料中的漆料重新渗入黏合。

高质量的有光汽车面漆、工业用面漆和民用面漆（面漆），其△值在 0.1～0.5，漆膜中高分子树脂含量多，赋予漆膜好的光泽和保护性能，高光泽涂料的△值低，保证其漆基大大过量。在漆膜形成过程中，漆基随溶剂一起流向外部，在漆膜表面形成一个清漆层，得到一个平整的漆膜，涂膜的反射性高，增加漆膜的光泽。

半光的建筑用漆△值在 0.6～0.8，其△值较高。平光（即无光）建筑漆的△值为 1.0 或接近 1.0 的水平。有时制备平光漆不是采取增大△值的办法，而采用加入消光剂来解决，这样可以发挥低△值时的涂膜性能，增加防污能力，降低涂膜的渗透性。

保养底漆的△值在 0.75～0.9 之间，可以得到最佳抗锈和抗起泡能力。富锌底漆的防锈原理是牺牲阳极保护钢铁，锌粉颗粒相互接触维持漆膜的导电性，而且漆膜需要一定的透水性以形成电解质溶液，因此△＞1。木器底漆的△值宜在 0.95～1.05 之间，以保证涂膜的综合性能最佳。

虽然 PVC 值和△值对色漆配方设计有重要参考价值，但实际应用中，往往因为所用漆基与颜料的特性、色漆制造工艺的影响，以及加入分散助剂的作用，也会使△值的参考作用受到干扰。颜料的附聚导致堆积不紧密，因而 CPVC 值较低。相反，非常高效的分散助剂的应用，可能得到一个比预期要高的 CPVC 值。底漆按规定时间在球磨机中进行研磨分散，其 PVC 值已固定，而 CPVC 值随其在球磨机中研磨分散时间的增加而增加。如果加工过程中研磨分散时间为达到规定要求而过早出磨，△值可能要高于设计的数值，颜料与漆基就没有完全湿润分散为均匀的分散体系，导致涂膜的性能尤其是抗腐蚀性能明显下降。在色漆制造工艺中，需要解决△值与配方一致的问题。

2. 配色技术

混色原理（也称成色方法）：有加法混色法和减法混色法两种。色料三原色（紫红、黄、蓝绿）按照一定的比例混合可以得到各种色彩。理论上三原色等量混合可以得到黑色。因为色料越混合，越灰暗，所以称为减法混色。水彩、油画、印刷等产生各种颜色的方法都是减法混色。

减法混色法——利用三补色在白纸（白色）上按不同比例减去原色而获得彩色的一种方法。减法混色是利用透射及反射原理，对波长范围较广的某一光源所发出的复合光所进行的一种减波作用。彩色颜料的混合及彩色滤镜的组合皆为减法混色。

减法混色原理在照相或印刷之时，我们常使用的是滤色镜，当使用 C 滤色片时，亦即只有 C 的光线能够透过，其他的光线即被挡住了，其一次色为 CMY，而其二次色两两相互作用，产生 RGB，最后三次色产生黑色，也就是能量完全没有了。减法混色原理远比加法混色原理来得复杂，在减法混色原理中最单纯可以预测的就是使用彩色正片，彩色相纸及彩色印刷都远比使用彩色正片来得复杂。

减法三主色为紫红、黄、蓝绿三色，此三色颜料混合或白光透过紫红、黄、蓝绿三滤镜后，因为所有波长都被吸收或吸收的程度相同，可得到黑或深灰等无彩色；主色间可相互合成红、绿、蓝三次色，以正确的比例混合三次色或三次色滤镜彼此相减，亦可产生黑色。

若将黄光（含红、绿色光）通过蓝绿色滤镜，红色波长被滤镜吸收，可得到绿色光。将紫红色光以绿色滤镜过滤，因紫红色光不含绿色波长，故全被滤镜吸收而无光波通过，产生无色视觉。

涂料人工配色，是根据色卡或指定颜色样板进行目测调配的配色方法。涂料涂膜的显色是减法成色，较之加法成色要复杂得多，而且配色时所用的颜料还不止减法混合的三原色。同时，颜料的色调、明度和饱和度指标和着色能力等并不是始终完全相同，这都增大了涂料配色的复杂性和技术难度。因此，人工配色目前只能依靠经验进行。对配色员配色经验的依赖性很大，并要求配色员在开始配色前充分了解各种影响因素，配色时耐心细致，切忌急躁。

（1）参照物确定

配色前应先仔细研究色卡或指定的颜色样卡或提供的涂料样品，弄清楚颜色的色调范围、主色是什么颜色、副色是什么颜色、需要使用哪几种颜色的颜料，并初步拟定出各颜料在配方中的大概用量。此外，还要对颜料的物理性能和颜色特性参数心中有数。

（2）色浆检验

配色前应对调色用色浆的细度进行检验，达到细度要求时才能用于调色，同时要求色浆的细度一致，颜料含量一致。在配制批次多时可将不同批号的色浆进行混合均化，然后再用。

（3）调色

在充分搅拌的情况下，向基准涂料（白色涂料）或基料中缓慢地加入色浆。调色时应先调深浅，后调色调。例如，调制深绿色涂料时应以中铬黄色浆为主，加入氧化铁蓝色浆调成暗绿。随着铁蓝色浆的加入，颜色逐渐加深。然后再加入少量炭黑色浆使绿色加深。

（4）色浆品种

在保证颜色符合要求的前提下，所用色浆的品种应尽可能少，因为加入的颜色种类越多，被吸收的光量也越多，在成色后其明度越低，色彩变得越暗。同时，色浆品种越多，配色的工作量也越大。

（5）预留基料

使用色浆配色时，开始可预留一部分基料，这样可根据加入色浆的数量和品种的多少适当考虑增减比例。但是，应该把全部基料和配方中的所有成分都补足并充分搅拌均匀后再测色。基料分次加入的好处是在颜色配深时能够补救。或者在没有用到配方规定数量就已配出要求的颜色时，能够调整基料的用量。

（6）光泽涂料

调配平光涂料或半光涂料时，配方中的基料可允许加入 70%～80%，而用其余的部分来调节光泽。当加入的基料接近配方量时，可制板检验涂膜的光泽及颜色，然后再酌情补加基料使涂膜的光泽及颜色均达到规定的要求，这样可以避免因基料加入过量而反过来再用色浆和填料浆调配的麻烦。

（7）建筑涂料调色

当某一颜色的建筑涂料需要量不大时，可用白色涂料作为基准涂料，而用色浆直接调配之。调配时先调小样，可先加入主色浆的70%左右，再加入副色浆，其后要每次少加，多次加入，直到逐步接近样板或涂料。

（8）小样涂膜

制板方法影响调色效果，因而应该按规定方法进行。刷涂要均匀，厚度应适宜，最好采用湿膜制备器刮涂制备。

（9）比色

应在视场周围没有强烈色光干扰的漫射自然光线下观测涂膜，应将待测涂膜与色卡或指定颜色样板进行上下、左右、侧正的反复观察对比，尽量避免人为的误差。

（10）助剂添加

当颜料因密度不同或其他原因（例如颜料絮凝）导致涂料出现"浮色发花"时，可加入适量浮色发花防止剂预以防止。常用触变增稠剂用于防浮色发花或将流平剂（例如聚醚或聚酯改性的聚有机硅氧烷）用作防浮色发花剂等。此外，离子型分散剂也具有防浮色发花作用。

教学情境二
涂料应用配方与制备方案实施

任务二　白色水基涂料配方与制备方案实施

【任务介绍】

某涂料生产企业的技术开发中心正在开发涂料新产品，需要数名精化专业高职院校毕业生作项目助理，在项目主管的指导下，进入实验室和生产车间顶岗学习产品的生产、工艺等方面的知识和操作技能，为涂料新产品开发实验及试生产积累知识和经验。在此基础上，完成涂料新产品开发实验及生产，并撰写提交研发报告的全部内容。

【任务分析】

1. 能登陆知网查询水基涂料工业生产方法、生产设备、工艺、操作规程、分析检测方法、质量标准、原材料及设备价格等文献资料；

2. 能整理、吸收、利用查询、搜集的相关文献资料；

3. 知晓各类涂料的优缺点，能恰当地选择涂料；

4. 熟知涂料的制备设备原理，并能正确操控设备；

5. 熟知涂料的制备工艺，并能制备合格涂料；

6. 熟知几类典型涂料的制备工艺，并能制备；

7. 熟知涂料的常规检测方法，能对涂料进行常规检测；

8. 能撰写涂料产品研发报告制备与工艺部分内容。

【任务实施】

主要任务	完 成 要 求	地 点	备注
1. 查阅资料	1. 能登陆知网查询水基涂料工业生产方法、生产设备、工艺、操作规程、分析检测方法、质量标准、原材料及设备价格等文献资料； 2. 能整理、吸收、利用查询、搜集的相关文献资料	构思设计室	
2. 总结涂料的制备工艺及检测方法	1. 知晓各类涂料的优缺点； 2. 熟知涂料的制备设备； 3. 熟知涂料的制备工艺； 4. 熟知几类典型涂料的制备工艺； 5. 熟知涂料的常规检测方法	配方制剂实训室	
3. 配方实施	1. 依据各类涂料的优缺点，能恰当地选择涂料； 2. 依据涂料的设备原理，能正确操控设备； 3. 依据涂料的制备工艺，能制备合格涂料； 4. 依据几类典型涂料的制备工艺，能进行制备； 5. 依据涂料的常规检测方法，能对涂料进行常规检测	配方制剂实训室	
4. 企业参观、实践	1. 涂料生产企业； 2. 涂料营销企业	相关企业、公司	

【任务评价】

主要任务	完 成 要 求	分值	得分
1. 查阅资料	1. 能登陆知网查询水基涂料工业生产方法、生产设备、工艺、操作规程、分析检测方法、质量标准、原材料及设备价格等文献资料； 2. 能整理、吸收、利用查询、搜集的相关文献资料	20	
2. 总结涂料的制备工艺及检测方法	1. 知晓各类涂料的优缺点； 2. 熟知涂料的制备设备； 3. 熟知涂料的制备工艺； 4. 熟知几类典型涂料的制备工艺； 5. 熟知涂料的常规检测方法	20	
3. 配方实施	1. 依据各类涂料的优缺点，能恰当地选择涂料； 2. 依据涂料的设备原理，能正确操控设备； 3. 依据涂料的制备工艺，能制备合格涂料； 4. 依据几类典型涂料的制备工艺，能进行制备； 5. 依据涂料的常规检测方法，能对涂料进行常规检测	30	
4. 企业参观、实践	1. 涂料生产企业； 2. 涂料营销企业	10	
5. 学习、调查报告	1. 能撰写水基涂料配方产品研发报告的工业生产方法、生产设备、工艺、操作规程、分析检测方法、质量标准、原材料及设备价格等部分的内容； 2. 能撰写水基涂料产品研发报告完整内容并提交报告	20	

【相关知识】

一、各类涂料的特点

涂料应用的领域非常广泛，而不同涂料都有各自特点，所以不同用途对应的涂料也有所不同，表 4-9 列出了各类涂料的特点。

表 4-9 各类涂料的特点

涂料种类	优 点	缺 点
油脂涂料	耐候性良好，涂刷性好，可内用和外用，价廉	干燥慢，力学性能不高，漆膜水膨胀性大，不能打磨、抛光
天然树脂涂料	干燥快，短油度漆膜坚硬，易打磨；长油度柔韧性、耐候性好	短油度耐候性差，长油度不能打磨抛光
酚醛树脂涂料	干燥快，漆膜坚硬，耐水、耐化学腐蚀，能绝缘	漆膜易泛黄、变深，故很少生产白色漆
沥青涂料	耐水、耐酸、耐碱、绝缘、价廉	颜色黑，没有浅、白色漆，对日光不稳定，耐溶剂性差
醇酸树脂涂料	漆膜光亮，施工性能好，耐候性优良，附着力好	漆膜较软，耐碱性、耐水性较差
氨基树脂涂料	漆膜光亮、丰满、硬度高，不易泛黄，耐热、耐碱，附着力也好	需加温固化，烘烤过度漆膜泛黄、发脆，不适用木质表面
硝基涂料	干燥快，耐油，坚韧耐磨，耐候性尚好	易燃，清漆不耐紫外光，不能在 60℃ 以上温度使用，固体分低
纤维素涂料	耐候性好，色浅，个别品种能耐碱、耐热	附着力、耐潮湿性较差，价格高
过氯乙烯树脂涂料	耐候性好，耐化学腐蚀，耐水、耐油、耐燃	附着力、打磨、抛光性较差，不耐 70℃ 以上温度，固体分低
乙烯基树脂涂料	柔韧性好，色浅，耐化学腐蚀性优良	固体分低，清漆不耐晒
丙烯酸树脂涂料	漆膜光亮、色浅、不泛黄，耐热、耐化学药品、耐候性优良	热塑性丙烯酸树脂涂料耐溶剂性差，固体分低
聚酯树脂涂料	漆膜光亮，韧性好，耐热，耐磨，耐化学药品	不饱和聚酯干性不易掌握，对金属附着力差，施工方法复杂
环氧树脂涂料	附着力强，漆膜坚韧，耐碱，绝缘性能好	室外使用易粉化，保光性差。色泽较深
聚氨酯涂料	漆膜坚韧、耐磨、耐水、耐化学腐蚀，绝缘性能良好	喷涂时遇潮易起泡，芳香族漆膜易粉化、泛黄，有一定毒性
有机硅涂料	耐高温，耐化学性好，绝缘性能优良	耐汽油性较差，个别品种漆膜较脆，附着力较差
橡胶涂料	耐酸、耐腐蚀、耐水、耐磨、耐大气性好	易变色，清漆不耐晒，施工性能不太好

二、涂料常见配方

（1）酚醛树脂涂料

酚醛树脂被可替代天然树脂与干性油配合制漆。酚醛树脂涂料的特点是干燥快、硬度高、光泽好、耐水、耐化学腐蚀，但容易泛黄，不易制白漆，广泛用于木器家具、建筑、机械、电机、船舶和化工防腐等表面涂装。酚醛树脂涂料的原料易得、制造方便、涂装方便、价格适中、品种齐全、应用广泛，配方如表 4-10 所示。

表 4-10 酚醛树脂涂料配方

组 成	质量/g	组 成	质量/g
环氧树脂	0.9	硅胶	0.3
体型酚醛树脂	12.7	异丙醇	42.9
聚乙烯醇缩丁醛	12.1	润湿剂	0.4
四价铬酸锌	8.6	正丁醇	16.4
滑石粉	5.7		

注：上述组分混合，用前加入下列组分：磷酸 6.0，异丙醇 29.0。

（2）环氧树脂涂料

环氧树脂可常温固化，也可高温固化，可以是单组分，也可以是双组分，实际应用中视原料和应用场合而定。多元胺固化环氧树脂涂料附着力好，机械强度高，柔韧性尚可，耐化学品性好，耐脂肪烃类溶剂；属于双组分，常温固化，现配现用，使用期限短。用于既要求防腐又不能烘烤的大型设备如储罐，大口径埋地管道。例如使用己二胺作为固化剂可以得到柔韧性好的防腐蚀涂层。固化剂加入树脂组分后，室温下放置 2～3h 使之熟化后使用，可以避免出现漆膜泛白病态。配方加环氧树脂的 5% 左右的脲醛树脂或三聚氰胺甲醛树脂以改善其流平性，配方如表 4-11 所示。

表 4-11　环氧树脂涂料配方

组　分	原　料	组成（质量分数）/%
树脂组分	E-20 环氧树脂（50%）	77.5
	钛白粉（锐钛型）	20.5
	三聚氰胺甲醛树脂（50%）	1.9
固化剂组分	环氧铁红	0.1
	己二胺	2.5
	无水乙醇	2.5

（3）水溶性环氧树脂漆

配方中：颜料：基料=1.0～1.2。

制漆工艺：将配方量的水溶性 E-20 环氧树脂、铁红、硫酸钡、滑石粉加入配漆罐中，搅匀。然后在三辊研磨机或砂磨机中研磨至细度 50μm 以下。配方如表 4-12 所示。

表 4-12　水溶性环氧树脂漆配方

配　方　组　成	质量/g	配　方　组　成	质量/g
水溶性 E-20 环氧树脂（固体质量分数 77%）	40.5	滑石粉（325 目）	4.45
氧化铁红（湿法）	10.75	蒸馏水	33.35
硫酸钡（沉淀型）	10.75		

（4）无溶剂型环氧树脂漆

无溶剂环氧树脂绝缘漆是为了节约能源，减少有机溶剂挥发且适应环保要求而发展起来的。由于它可以用各种配方来制造，适用于浸渍、滴浸涂装工艺以及热固化、射线固化等干燥工艺。应用于交流高压电机绝缘定子真空压力浸渍工艺中，也可减少绝缘厚度，缩小电机体积，延长电机使用寿命，配方如表 4-13 所示。

表 4-13　无溶剂型环氧树脂漆配方

原料名称	组成（质量分数）/%	原料名称	组成（质量分数）/%
E-44 环氧树脂	36.4	松节油酸酐	22.7
TOA 桐油酸酐	22.7	苯乙烯	18.2

（5）环氧树脂粉末涂料

环氧树脂粉末涂料是由专用的树脂、固化剂、流平剂、促进剂、颜料、填料和其他助剂配成的，具有优良的物理机械性能和耐化学药品性，并具有良好的电绝缘性能，但是耐候性能差。生产方法与传统的溶剂型涂料有所不同，粉末涂料的生产工艺仅是物理性混溶过程，它不存在着复杂的化学反应，而且要尽可能控制其不发生化学反应，以保持产品具有相对的稳定性。生产过程可分为物料混合、熔融分散、热挤压、冷却、压片、破碎、分级筛选和包装工序，配方如表 4-14 所示。

表 4-14　环氧树脂粉末涂料配方

配　　方	组成（质量份）	配　　方	组成（质量份）
E-12 环氧树脂	68	2-甲基咪唑	0.1
钛白粉（R 型）	20	增光剂（固态）	0.8～1.2
填料	8.1	群青	适量
流平剂（液态）	0.5	其他助剂	0.3
双氰胺	2.8		

工艺：将配好的各组分物料统一加入高速混合机内预混合约 5～10min，取出进入螺杆挤出机内加热熔融，加料段温度为 70～90℃，挤出段温度为 110～120℃甚至再高些，然后压成 1mm 薄片，冷却后进入粉碎机（ACM 磨）内，破碎并分级筛选 180 目全部通过为合格。

（6）环氧/聚酯粉末涂料

环氧/聚酯粉末涂料的成膜树脂为双酚 A 环氧树脂和端羧基聚酯的混合物，是一种混合型粉末涂料，显示出环氧组分和聚酯组分的综合性能，环氧树脂起到了降低配方成本，赋予漆膜耐腐蚀性、耐水等作用，而聚酯树脂则可改善漆膜的耐候性和柔韧性等，这种混合树脂还有容易加工粉碎，固化反应中不生产副产物的优点，是目前粉末涂料中应用最广的一类。下面列举一种羧基的聚酯配方和相应的环氧/聚酯粉末涂料配方（见表 4-15 和表 4-16）。

表 4-15　端羧基聚酯制备配方

配　　方	组成/g	配　　方	组成/g
乙二醇	124	铁红对苯二甲酸	3320
新戊二醇	1872	铬酸锌锡盐	6.63
1,4-环己烷二甲醇	272	TiO_2 乙酸锂	18
三羟基甲基丙烷	3320	白炭黑偏苯三酸酐	615
己二酸	292	2-甲基咪唑（催化剂）	6

聚合方法是二步法，先制成端羟基聚酯，再加过量多元酸，最后得端羧基聚酯。

表 4-16　粉末涂料的配方

配　　方	组成/g	配　　方	组成/g
端羧基聚酯树脂	50	流平剂	0.36
环氧树脂（环氧当量 810）	50	钛白粉	66.66

（7）防腐聚氨酯涂料

丙烯酸酯/脂肪族聚氨酯涂料，干性快，耐候性好，耐热性和耐溶剂性好，韧性好，较为经济，用于高级户外涂料。聚氨酯磁漆与聚氨酯底漆配套使用，可作优良的金属防腐蚀涂层，用于油管内壁防蜡涂层效果很好。比一般乙烯系耐溶剂、耐热、附着力好，比一般聚氨酯快干，耐酸、碱腐蚀，配方如表 4-17 所示。

（8）封闭型聚氨酯漆

封闭型聚氨酯漆中的多异氰酸酯被 OH 基或含单官能度的活泼氢原子的物质所封闭，可以同含羟基的树脂（乙组分）混装而不反应，成为单组分涂料，具有极好的储藏稳定性。在加热下氨酯键裂解生成异氰酸酯，再与羟基交联反应成膜。

表 4-17 防腐聚氨酯涂料配方

甲组分配方	组成/g	乙组分配方	组成/g
TDI 加成物（50%不挥发分，含 NCO 基 8.6%）	17.7	含羟基氯醋共聚树脂（30%溶液）	30.5
		钛白粉	10.1
		滑石粉	0.5
		环氧 E-51	0.3
		环己酮/二甲苯（1∶1）溶剂	26.3

例如：$RNHCOOC_6H_5 \longrightarrow RN{=}C{=}O + C_6H_5OH$

　　　苯酚封闭的聚氨酯　　　异氰酸酯　　苯酚

封闭型聚氨酯漆主要用作电绝缘漆，绝缘性好，耐水、耐溶剂、力学性能好，具有"自焊锡"性，近年来也用于装饰汽车和聚氨酯粉末涂料。使用时加热到 140℃ 左右涂覆，配方如表 4-18 所示。

表 4-18 封闭型聚氨酯漆配方

配　方	组成/g	配　方	组成/g
苯酚封闭的 TDI 加成物（相当于甲组分）	32.45	甲酚（含—OH 相当于乙组分）	20.40
聚酯（含羟基 12%）	15.45	醋酸溶纤剂	17.40
填料	8.1	甲苯	11.90
辛酸亚锡（催化剂）	0.10		
热塑性聚酰胺树脂（助剂）	2～4		

（9）硝基纤维素涂料

硝基纤维素涂料具有干燥迅速，漆膜坚硬、耐磨，耐化学药品与水的侵蚀，韧性好等优点；但易燃烧、固体含量低、有刺激气味、对紫外光线抵抗力差，故不宜作室外用。硝基漆用途广，可以涂装在汽车、飞机、轻工产品、机电产品、仪器、铅笔、皮革、木器等制品上，特点是干燥迅速，缩短工时，配方如表 4-19 所示。

表 4-19 硝基纤维素涂料配方

配方组成	白色	蓝色	灰色	绛紫色
钛白	40～80	—	64	—
铁蓝	—	20～40	—	—
松烟	—	—	2.4	—
铬黄	—	—	5	—
枣红	—	—	—	65
硝化棉（干）	100	100	100	100
不干性醇酸树脂	75～150	100	—	200（60%）
氨基树脂	—	20	—	—
氯醋共聚树脂	—	—	67	—
蓖麻油	0～15	15	—	—
邻苯二甲酸二丁酯	25～30	20	25	50
溶剂	460～740	680	787	458

注：溶剂组成为 21%乙酸乙酯、12%乙酸丁酯、8%乙酸戊酯、17%乙醇和 42%甲苯。

（10）内墙涂料

内墙涂料的主要功能是装饰和保护室内墙面，获得良好的装饰和保护效果。内墙涂料具有色彩丰富细腻，一定的耐水性及耐洗刷性，透气性良好，涂刷方便，重涂容易，价格合理等特点。用于厨房、卫生间等部位的涂料，要求和外墙涂料差不多，且防霉性能要高。内墙乳胶漆配方及工艺如表 4-20 所示。

表 4-20　内墙乳胶漆配方及工艺

配 方 组 成	百分比	作 用
浆料部分		
去离子水	25.0	溶剂
Disponer W-18	0.2	润湿剂
Disponer W-511	0.6	分散剂
PG	1.5	抗冻、流平剂
Deform W-090	0.15	消泡剂
DeuAdd MA-95	0.1	胺中和剂
DeuAdd MB-1	0.2	防腐剂
DeuAdd MB-1	0.1	防霉剂
1250HBR(2%水溶液)	10.0	流变助剂
Baoioi 钛白粉(锐钛型)	10.0	颜料
重质碳酸钙	16.0	填料
轻质碳酸钙	6.0	填料
滑石粉	8.0	填料
高岭土	5.0	填料
在搅拌状态下依序将上述物料加入容器搅拌均匀后,调整转速高速分散至细度合格后,再调整转速至合适状态下加入下述物料,搅拌均匀后过滤出料		
配漆部分		
Deform W-090	0.15	消泡剂
Texanol	0.8	成膜助剂
AS-398A	12.0	苯丙乳液
去离子水	2.9	溶剂
DeuRheo WT-116(50%水溶液)	1.2	流变助剂
DeuRheo WT-204	0.1	流变助剂
用 DeuAdd　MA-95 调整 pH 值为 8.0~9.0		
总量	100.0	

（11）外墙涂料

外墙涂料对建筑物具有装饰和保护作用,对性能要求严格,色彩丰富,保色性良好,有一定防水功能,不易被沾污,耐候性良好,具有良好的附着力、硬度和良好的抗粉化性、耐酸碱性、重涂施工容易等特点。外墙乳胶漆配方及工艺如表 4-21 所示。

（12）防火涂料

又称阻燃涂料,是施涂于可燃性基材表面,用以改变材料表面燃烧特性,阻止火灾迅速蔓延,或施涂于建筑构件上,用以提高构件的耐火极限的特种涂料。防火涂料涂层本身具有不燃性或难燃性,能防止被火焰点燃;能阻止燃烧或对燃烧有延滞作用。饰面型膨胀防火涂料配方如表 4-22 所示。

（13）防污涂料

船底附着海生物后,降低航速,燃料耗量增加,机械磨损增大。破坏漆膜,加速钢板的腐蚀,涂覆船舶防污涂料是防止海洋生物附着的最经济而有效的措施。防污涂料主要应用于船舶防污、海水冷却管道防污、海水养殖防污、电厂冷却塔防污等。氯化橡胶防污涂料配方设计中通常 Cu_2O 含量控制在 40% 左右,还必须含有相当量的氧化锌。以充分发挥 Zn^{2+}-Cu^{2+} 组合的防污增效作用。配方如表 4-23 所示。

表 4-21 外墙乳胶漆配方及工艺

配方组成	百分比	作用
浆料部分		
去离子水	8.0	溶剂
Disponer W-18	0.15	润湿剂
Disponer W-519	0.5	分散剂
PG	2.0	抗冻、流平剂
Deform W-094	0.15	消泡剂
DeuAdd MA-95	0.1	胺中和剂
DeuAdd MB-11	0.1	防腐剂
DeuAdd MB-16	0.2	防腐剂
R-902 钛白粉	18.0	颜料
重质碳酸钙	16.0	填料
滑石粉	6.0	填料

在搅拌状态下依序将上述物料加入容器搅拌均匀后，调整转速高速分散至细度合格后，再调整转速至合适状态下加入下述物料，搅拌均匀后过滤出料

配方组成	百分比	作用
配漆部分		
Deform W-094	0.15	消泡剂
Texanol	2.0	成膜助剂
2800	28.0	纯丙乳液
去离子水	17.9	溶剂
DeuRheo WT-113(50%水溶液)	0.4	流变助剂
DeuRheo WT-202(50PG 溶液)	0.25	流变助剂
DeuRheo WT-204	0.1	流变助剂

用 DeuAdd MA-95 调整 pH 值为 8.0～9.0

总量	100.0

表 4-22 饰面型膨胀防火涂料配方

配方组成	用量/g	配方组成	用量/g
聚丙烯酸乳液	7～20	氯化石蜡-70	2～7
氯偏乳液	8～20	氯偏磷酸钠	2～10
钛白	5～10	水	15～30
聚磷酸铵等膨胀催化剂	30～50		

表 4-23 防污涂料配方

配方组成	用量/%	配方组成	用量/%
松香	8.3	防藻剂	1.5
氯醚树脂(50%)	12.0	Cu_2O	43.8
芳烃溶剂	9.8	氯化铁红	4.0
有机膨润土	0.8	氧化锌	10.0
防沉剂	1.7	甲戊酮	2.3
分散剂	0.5		

(14) 热红外隐身涂料

实际上解决涂层的热反射和热辐射特征之间达到一个平衡点。其颜填料的选择取决于它们的太阳热吸收率和热辐射率。为提高隐身效果，一般内部涂装高性能绝热涂料，用以与外界隔离；外部涂装高性能绝热涂料和热红外隐身涂料，提高涂膜的反射率，起到良好的隐身效果。浅灰色太阳热反射伪装涂料的配方如表 4-24 所示。

表 4-24　热红外隐身涂料配方

配方组成	用量/g	配方组成	用量/g
TiO_2(200nm)	9.2	辛酸钴 6%	0.73
TiO_2(10μm)	84	辛酸锆 20%	0.6
滑石粉	10.3	辛酸钙 20%	2.95
氧化铁黄	0.31	甲乙酮肟	3.35
苝黑	1.76	石脑油	13.06
有机硅改性醇酸	112.5		

（15）润滑涂料

在军事装备上得到广泛应用，用于水下船舶、鱼雷和水下管道的润滑。在纺织和食品工业机械中，因其清洁、简便，故被广泛应用。除此还可用于大型机械的启动润滑剂。润滑涂料配方如表 4-25 所示。

表 4-25　润滑涂料配方

配方组成	用量（质量份）	配方组成	用量（质量份）	配方组成	用量（质量份）
蓖麻油和亚麻油混合物(3∶1)	300	PbO	2	赭石	150
甘油	20	矿物松节油	400	聚乙烯氧化物	50
净化松浆油	150	环烷酸钴	0.5	亚油酸锰	1

（16）防滑涂料

防滑涂料黏结剂通常选用耐候性和力学性能较好的醇酸树脂、氯化橡胶、酚醛树脂或改性环氧树脂，其中掺以硬而大的粒子，如廉价的石英砂或类似物，这些填充剂粒大而凸出于表面，产生较大的摩擦阻力，从而达到防滑的目的。但大量砂粒的存在，使涂层性能下降，如质脆、易开裂或脱砂、不耐油和不耐化学腐蚀、易老化、寿命短等。自行车赛场跑道防滑耐磨涂料配方如表 4-26 所示。

表 4-26　自行车赛场跑道防滑耐磨涂料配方

配方组成	用量/%	配方组成	用量/%
苯丙乳胶树脂液	28～30	防滑耐磨剂 A	8～10
立德粉	10～12	防滑耐磨剂 B	2～4
滑石粉	4～6	成膜助剂	3～4
轻质碳酸钙	5～7	其他助剂	适量
钛白粉	4～5	水	30～40

三、涂料的制备设备

涂料中色漆占有绝对重要的地位，下面就以色漆为例介绍涂料生产设备。色漆的制备过程主要包括预分散、研磨分散、调漆和过滤包装，相应的生产设备包括预分散设备、研磨分散设备、调漆设备和过滤包装设备。

1. 预分散设备

预分散的目的是使各种颜料混合均匀，颜料部分润湿以及初步破碎大的颜料聚集体，该道工序使得研磨分散得以正常进行，因此称为预分散。预分散常采用高速分散机，在低速搅拌下，逐渐将颜料加于基料中混合均匀。此外，还有双轴高速分散机、同心轴高低速分散机、双轴高低速分散机、三轴高低速分散机、在线分散机等预分散设备。

（1）高速分散机

高速分散机的结构如图 4-1 所示，主要是由叶轮、分散轴和筒体组成。其中主要工作部件是叶轮，最常用的为锯齿圆盘式叶轮。叶轮在高速旋转的分散轴的带动下，在叶轮边缘 2.5～5cm 范围内形成了一个湍流区。在这个湍流区内，颜料粒子因受到较强的剪切和冲击作用而很快地分散到漆浆中，从而达到了预分散的目的。在高速分散机操作的初始阶段，宜采用低速旋转以防止堆在漆料表面的颜料飞扬；然后再通过提高转速来增加分散能力。为了获得比较理想的分散效果，叶轮端部的圆周速率必须达到 20m/s 以上；但又不宜过高，否则易导致漆浆飞溅，使分散效率降低。

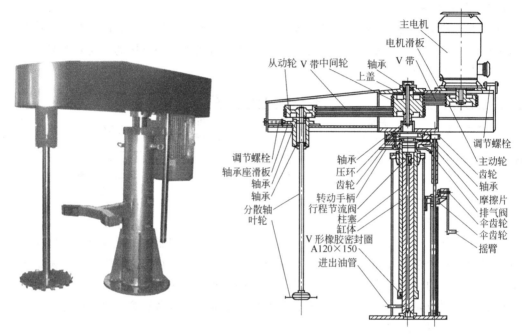

图 4-1　高速分散机结构

高速分散机主要适用于易分散的颜料在较低黏度漆浆中的预分散，而对于难分散的颜料或黏度太大的浆料则不适用。在实际应用中，高速分散机除了用于预分散外，还可用于研磨和最后的调稀操作。

（2）其他预分散设备

为了使难分散的颜料、黏度较大的漆浆达到理想的预分散效果，以及为了提高分散效率，还开发了其他的预分散设备，包括双轴高速分散机、同心轴高低速分散机、双轴高低速分散机、三轴高低速分散机等。

双轴高速分散机含有两个等速旋转的分散轴，每个分散轴上可装一个叶轮或两个叶轮，如图 4-2 所示。

同高速分散机相比较，双轴高速分散机适用物料黏度范围较广，可减轻槽内液体打旋的现象，避免吸入气体，从而提高了装料系数和分散能力。

同心轴高低速分散机包括一同心双轴，即中心轴和空心轴。其中中心轴为高速轴，安装叶轮，主要起分散作用；空心轴为低速轴，安装框式搅拌器，主要起混合作用。该分散机适应各种中等黏度物料的预分散，可防止物料的黏壁现象。同心轴高低速分散机见图 4-3。

此外，双轴高低速分散机包含高速轴和低速轴两个轴，这两个轴通常用两台电机分别传动。该分散机适用于较高黏度的物料，如铅笔漆、腻子等。此外，在双轴高低速分散机的基

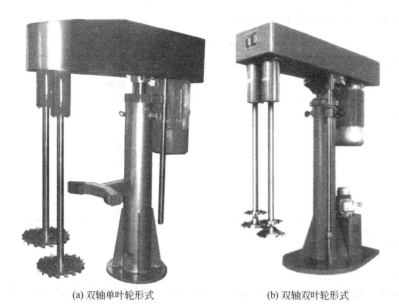

(a) 双轴单叶轮形式   (b) 双轴双叶轮形式

图 4-2 双轴高速分散机

图 4-3 同心轴高低速分散机

础上，又增加了一根偏置的高速轴及相应的叶轮，即所谓的三轴高低速分散机。它适用于黏度更高的物料。

2. 研磨分散设备

颜料的研磨分散设备是色漆生产的主要设备，一般可分为两大类：一类是带自由运动研磨介质的，一类是不带自由研磨介质的。前者主要包括砂磨机和球磨机，主要依靠所带的研磨介质（如玻璃珠、钢球、卵石等）在冲击和相互滚动或滑动时所产生的剪切力和撞击力下进行研磨分散的，通常用于流动性较好的中、低黏度漆浆的生产；后者主要包括三辊机，依靠剪切作用力进行研磨分散，主要适用于黏度很高甚至膏状物料的生产；此外预分散设备中所用到的高速分散机也可用作研磨分散设备，不带研磨介质的。目前常用的研磨分散设备主要有高速搅拌机、砂磨机、三辊磨和二辊磨，其中二辊磨主要用于无溶剂涂料的分散。各种研磨分散设备的特点比较如表 4-27 所示。

表 4-27　分散设备的比较

机器类型	高速搅拌	球磨	砂磨	三辊	二辊
预混合	不需要	不需要	需要	需要	需要
黏度/Pa·s	3～4	0.2～0.5	0.13～1.5	5～10	很高
处理粗聚集体的能力[①]	2	1	5	2	1
分散效率	4	2	2	2	1
溶剂挥发	低	无	低	高	完全挥发
清洗[②]	1	5	4	2	2
要求技术[②]	1	5	3	3	2
操作费用	低	低	中	高	很高
投资费用	低	高	中	高	很高

① 1 表示最好，5 表示最差。

② 1 表示容易，5 表示难。

(1) 三辊磨

三辊磨也称三辊机，是辊磨中应用最多的一种，也是使用历史较早的一种研磨分散设备，适用于各种高黏度、膏状、流动性差、细度要求高的物料，它由前辊（出料侧）、中辊和后辊（加料侧）三个辊筒组成，如图 4-4 所示，三辊安装在一个机架上，三辊的转速不同。一般中辊固定在机体上，前辊可前后移动进行调节，调节的方法可手动或液压进行调节。研磨料在中辊和后辊之间加入，通过三个辊筒的旋转方向不同（转速从后向前顺次增大），借助三根辊筒的表面相互挤压所产生强大的剪切作用力以及不同速度的摩擦作用从而达到研磨分散的目的。研磨后的研磨料经前辊前面的刮刀刮下。三辊研磨机的辊筒材质通常为高硬冷铸合金铸造，由电机驱动旋转，三根辊筒在工作中有三种工作位置可调：①相互脱离，用于清洗；②两辊夹紧，一根脱开，用于物料混合；③三辊夹紧，用于分散和出料。辊筒的圆径经过高精密研磨，精确细腻，能使物料的研磨细度达到 $15\mu m$ 左右。

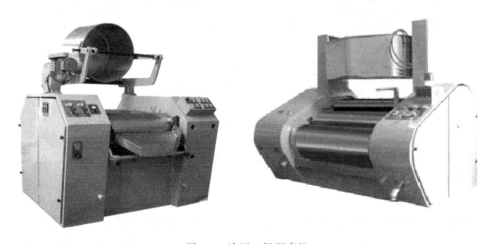

图 4-4　液压三辊研磨机

三辊机能加工黏度很高的漆浆，适用于含有难分散颜料的漆浆进行分散，研磨分散质量高，可达较高的细度；而且换色、清洗方便，特别适合小批量、多品种漆浆的生产和研制。但三辊机为一敞开设备，因此漆浆中所用溶剂应为低挥发性的，否则会污染环境，并损害操作工人的健康。此外，因该研磨设备具有操作安全性差、生产能力低、操作技术要求高、后期维护技术要求高等缺点，难以实现机械化。目前已逐步被砂磨机所取代。

（2）球磨机

球磨机是最古老的研磨分散设备之一，曾是色漆生产中主要的研磨设备，目前也逐步被砂磨机所替代，但在生产毒性较大的船舶漆领域具有重要的应用。球磨机主要有卧式球磨机和立式球磨机两种，其中卧式球磨机应用较广。按操作方式，它们都属于间歇式。下面主要介绍卧式球磨机（见图 4-5）。

图 4-5　卧式球磨机

涂料用的球磨机主要分为钢壁球磨机［见图 4-6(a)］和钢壁石衬里球磨机［见图 4-6(b)］两种类型。球磨机主要是由一个可旋转的钢桶和传动设备组成，钢桶内装钢球、瓷球或鹅卵石作为研磨介质。球磨机在运转时，钢桶旋转使球上升至一定高度，然后开始下落，球体之间以及气体与桶壁间频繁地发生相互撞击和摩擦，使颜料粒子受到撞击、挤压和强剪切作用而被撞碎或被磨碎；同时颜料在球空隙内处于高度湍流状态，也有利于颜料粒子在漆浆中的分散。对于硬而粗的大附聚粒子，最终都能达到很高的分散度，故球磨前可以不需要预分散，但预分散可明显地节省 75%～80% 的球磨时间；此外，密封操作可避免溶剂的挥发损失，对环境的污染小。但球磨时间往往很长，有时出料还会造成困难；而且生产的机动灵活性差，实际生产效率相对不高，故采用球磨生产的比例在不断地下降。

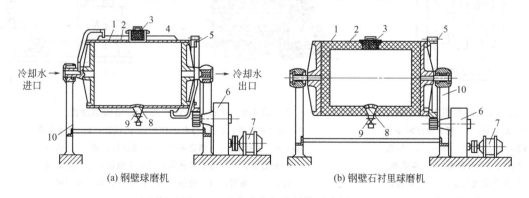

(a) 钢壁球磨机　　　　　　　　　　　(b) 钢壁石衬里球磨机

图 4-6　两种球磨机的结构示意图

1—机体；2—衬里；3—加料孔；4—夹套；5—齿圈；6—减速机；
7—电机；8—栅板；9—出料管和阀门；10—机架

（3）砂磨机

砂磨机是 20 世纪 50 年代后期发展起来的新型分散设备，我国在 60 年代引进使用。由于砂磨机体积小，可连续高速分散、效率高、结构简单、操作方便，因此迅速获得推广使用，并且在相当程度上取代了三辊机和球磨机在涂料生产中的地位。它是球磨机的延伸，只是所用介质是较细的砂或珠。砂磨机包括立式开启式砂磨机、立式封闭式砂磨机、卧式砂磨机、各式棒销式砂磨机和蓝式砂磨机等，其中立式开启式砂磨机是砂磨机中应用最早且最广泛的砂磨机。

① 立式开启式砂磨机。立式开启式砂磨机主要是由一个直立的桶体、分散轴、分散盘、平衡轮等组成，工作原理如图 4-7 所示，结构示意如图 4-8 所示。砂磨机桶体内的分散轴上装有多个分散盘。分散轴由主电机带动作 800～1500r/min 的高速转动，从而使桶体内的分散介质作剧烈运动，同时将预混合后的研磨漆浆从送料系统由底部输送进研磨桶体内，漆浆和分散介质的混合物在作上升运动的同时，回转于两个分散盘之间作高度湍流，颜料的聚集体和附聚体在这里受到高速运转的分散介质的剪切作用，从而在分散盘之间得到分级分散。当漆浆和分散介质的混合物上升到顶筛时，分散介质为顶筛截留，漆浆溢出，从而完成一次分散。此外，桶体部分备有冷却或加热装置（如夹套），因为物料、研磨介质和分散盘等相互摩擦所产生的热量使温度不断上升，过高的温度会影响漆料的性质，并造成大量溶剂挥发损失，易引起质量与安全事故；或者使送入的浆料冷凝以致流动性降低而影响研磨效能。目前国外采用电力冷热水装置能更好地控制研磨温度。

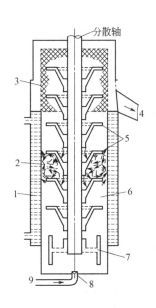

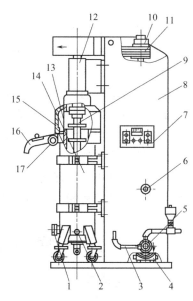

图 4-7　砂磨机工作原理

1—水夹套；2—两分散盘间漆浆
的典型流型；3—筛网；4—漆浆
出口；5—分散盘；6—漆浆和
研磨介质混合物；7—平衡轮；
8—底阀；9—漆浆入口

图 4-8　立式开启式砂磨机的结构示意图

1—放料放砂口；2—冷却水进口；3—进料管；4—无级变速
器；5—送料泵；6—调速手轮；7—操纵按钮板；8—机身；
9—分散器；10—离心离合器；11—主电机；12—传动部
件；13—筛网；14—桶体；15—筛网罩；16—出料嘴；
17—出料温度计

砂磨机具有结构简单、操作方便、生产效率高、价格低廉、便于维护保养等优点。但也存在着缺点，如适用前需经预分散，不适宜高黏度和高触变性浆料，溶剂挥发量大，顶筛清洗麻烦，操作环境受污染及噪声较大等。

② 其他砂磨机。立式密式砂磨机是砂磨机的另一种类型，如图 4-9 所示。它与敞开

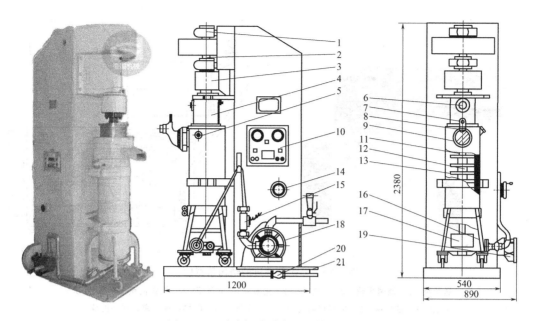

图 4-9　立式密闭式砂磨机的结构示意图

1—轴承座；2—传动轴；3—弹性联轴器；4—密封箱；5—加砂口；6—视镜；

7—温度计；8—出料口；9—筛网；10—操纵板；11—分散轴；12—隔套；

13—分散盘；14—送料泵调速手轮；15—薄膜压力传感器；16—进料球阀；

17—平衡轮；18—钢球无级变速器；19—送料泵；20—水表；21—出水管

式砂磨机的最大区别在于它把顶筛移至研磨桶体的侧上方，在原顶筛位置放置了双端面机械密封箱，从而使砂磨机可以在完全密闭及 0.5～0.3MPa 的压力下操作，因而具有如下特点：a. 加压操作可以加工高黏度漆浆，对于高触变性和低流动性的漆浆也能适用，从而可以增加漆浆中颜料含量，提高分散效率；b. 密闭操作，消除溶剂挥发损失，减少环境污染；c. 顶筛在圆桶内不易结皮，减少了清洁工作。

　　卧式砂磨机如图 4-10 所示。它的特点是砂磨机的分散轴和桶体是水平安装的，电机置于桶体下方，结构紧凑，所占空间较小，出料系统用动态分离器代替顶筛，使拆洗方便，同时该机也是密闭操作。因此它除了具备上述立式密闭式砂磨机的优点外，还具有如下特点：装砂量大，研磨分散效率高；拆洗装卸方便，适应多品种生产；分散介质在桶体内分布均匀，降温效果好。

　　砂磨机除了上述类型外，还有卧式锥形砂磨机、棒销式砂磨机、循环卧式砂磨机、蓝式砂磨机等。在实际应用中，应根据具体情况选择合适的砂磨机。

　　（4）胶体磨

　　胶体磨主要用于制备乳液型胶体分散体，按其操作方法可分为干式胶体磨和湿式胶体磨两种，如图 4-11 所示为湿式胶体磨的结构示意图。胶体磨是一种精细分散设备，可以制备高质量的微细颜料分散体。胶体磨的生产率与间隙尺寸有很大关系，可调间隙范围在 25～3mm 之间，一般调至 50～75μm，平均粒径可低至 2～3μm。但研磨料在进入胶体磨之前，必须经过预分散。胶体磨的生产能力，从小型到大型，最低为 100L/h，最高可达 5600L/h。

　　3. 调漆设备

　　调漆是颜料在漆料中分散以制备色漆的最后一步操作，就是将研磨得到的颜料色浆中加

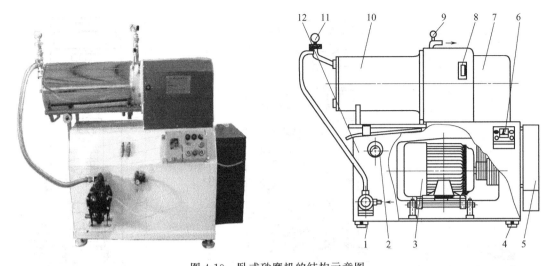

图 4-10　卧式砂磨机的结构示意图

1—送料泵；2—调速手轮；3—主电机；4—支架；5—电器箱；6—操作按钮板；7—传动
部件；8—油位窗；9—电接点温度表；10—主机；11—电接点压力表；12—机身

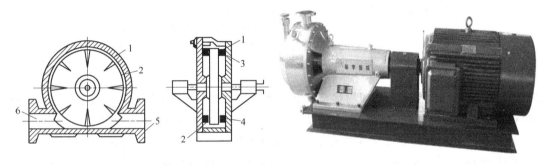

图 4-11　湿式胶体磨的结构示意图

1—外壳；2—转盘；3,4—打击棒；5—进口管；6—出口管

入余下的漆料及其他助剂、溶剂组分，必要时进行调色，从而达到涂料质量要求，一般是在带有搅拌器的调漆罐中进行。调漆并不是简单的搅拌混合过程，若操作不当就会导致颜料的再聚集、絮凝以及树脂的沉淀等所谓的"反粗"弊病，最终对涂料质量产生不利影响。调漆设备主要是调漆罐，由搅拌器和搅拌槽两部分组成。

（1）搅拌器

目前国内涂料工业调漆用搅拌器类型主要包括以下两类：一类是适用于高速旋转的锯齿圆盘式叶轮（见图 4-12）搅拌器；另一类是适合中、低速旋转的桨式、锚式或框式等的搅拌器。

第一类搅拌器可直接利用高速分散机，具有简单方便、调漆速度快的优点，但也存在如下缺点：消耗功率大，易造成操作台震动，使漆浆产生气泡，以及不适用于高黏度物料的调漆等。而第二类搅拌器则具有传动平稳、操作平和、耗功少、卷吸空气量少，以及适用于高黏度漆浆调漆的特点。相比较而言，后者应用更为广泛。

对于高黏度漆浆的调漆，除了用锚式、框式搅拌器外，还可采用 MIG 型搅拌桨（见图 4-13）式搅拌器。该类型搅拌器具有成本低、功耗少、搅拌效果好的特点。

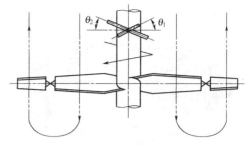

图 4-12 高速盘式分散机叶轮   图 4-13 MIG 型搅拌桨

（2）搅拌槽

搅拌槽以圆形截面为主，制造比较方便，但在搅拌过程中液体会随轴一起作圆周运动而影响搅拌效果。如何解决这个问题呢？首先可在罐体上加挡板；其次还可采用搅拌器偏心安装（见图 4-14）；最后还可通过采用方形截面的搅拌槽来避免这种现象的产生。搅拌槽的罐底以椭圆形或锥形为主，这样有利于出料。

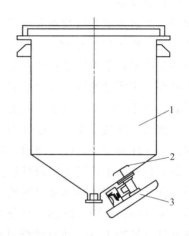

图 4-14 底部搅拌的调漆罐

1—搅拌槽；2—搅拌桨；3—主机

4. 过滤设备

涂料配制好之后，需借助过滤设备滤去涂料中的杂质。这些杂质可能来自原料，也可能是在涂料的制备过程中引入的。涂料过滤的设备主要有罗筛、振动筛、挂滤袋过滤、袋式过滤器、新型过滤原件等，其中挂滤袋过滤和袋式过滤器最为常用。下面将做一简要介绍。

（1）简单的过滤设备

该类型的过滤设备主要包括罗筛、振动筛和挂滤袋过滤。

罗筛是最简单、最原始的过滤器。罗筛的规格通常以罗面上丝网的目数来表示，即以 1in（25.4mm）边长内所含有孔的个数来表示。该法只适用于产量小且对过滤精度要求不高的涂料，已逐步被挂滤袋过滤所取代。

振动筛可用筛网的高频振动以克服罗筛所导致的筛孔堵塞，而且还具有结构简单、体积小、移动方便、过滤效率高、换色、清洗方便等优点。但是其筛网不是带压过滤，筛孔过小时会导致过滤效率降低，而且大多是敞开式操作，存在环境污染问题。该法主要适用于乳胶漆的过滤。振动筛见图 4-15。

图 4-15　振动筛

所谓的挂滤袋过滤就是用铁丝或卡箍将滤袋固定在垂直放料管上，利用罐内液压将涂料放到滤袋内，从而达到过滤的目的。该法因简单、方便和实用而被广泛应用。

（2）复杂的过滤设备

袋式过滤器、滤芯多滤器以及兼有两者功能的新型过滤原件属于这一类过滤设备。

袋式过滤器是一种新型的过滤系统，滤机内部由金属内网支撑着滤袋，液体由入口流进，经滤袋过滤后流出，杂质则被拦截在滤袋中，从而达到过滤的目的。所用的滤袋可更换或清洗后继续使用。袋式过滤器可分为单袋式过滤器和多袋式过滤器，前者可满足小流量的过滤需求，后者适用于大流量的过滤。该类型过滤器具有结构合理、操作简便灵活、节能高效、密封性好、滤袋侧漏概率小、适应性强、应用范围广等特点。

滤芯多滤器是一种新型多功能过滤器。它由滤器和滤芯两部分组成。待过滤液体由滤器进口压入，经滤芯自外向里透过滤层而被过滤成澄清液体，然后经出口排出。杂质被截留在滤芯的深层及表面，从而液体达到被过滤的目的。滤芯过滤器属于较精细的过滤，可以去除水中的悬浮物（泥砂/铁锈等）、胶体、部分有机物等，可以达到极好的过滤效果。

新型过滤元件（见图 4-16）兼有滤袋过滤器和滤芯过滤器的优点，其核心部分是由两个滤材组成的同心圆筒，外圆筒具有滤袋的功能，内圆筒具有滤芯的功能。滤浆从两圆筒之间的环形区域上部进入，通过内外圆筒过滤后，滤液从下部出口流出。该过滤设备具有过滤

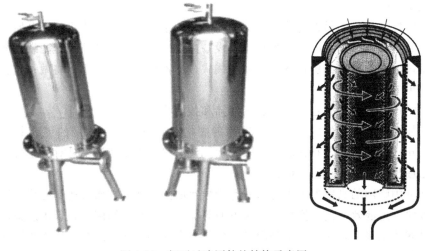

图 4-16　新型过滤原件的结构示意图

面积大、安装和更换方便、物料损失少、过滤成本低等特点，具有良好的应用前景。

四、涂料的制备工艺

涂料的制备一般包括配料、预分散、研磨分散、调稀（包括调稀和调漆）和过滤包装过程。涂料制备的工艺流程图和涂料生产车间见图 4-17。

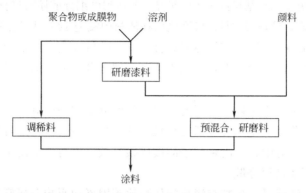

图 4-17　涂料制备的工艺流程图和涂料生产车间

（1）配料

该过程分为两步，首先确定研磨漆浆的组成，即研磨漆浆中颜料和基料以及溶剂的最佳配比，该组成的确定就相当于确定了研磨漆浆的加入量，使之有最佳的研磨效率；其次在分散以后，再根据涂料配方补足其余非颜料组分。

色浆料的称取要力求准确，特别是称取着色力强、用量少的颜料时，称量误差易造成随后调色方面的麻烦。此外，若偏离了最佳配比的色浆料，则会造成研磨分散效率的大幅降低。以球磨为例，其基本操作配方大致如表 4-28 所示。

表 4-28　基本操作配方

工　序	第一道工序（球磨）	第二道工序（调稀）	第三道工序（调漆）
颜料（质量）/%	10.0	—	—
树脂（质量）/%	1.0	1.0	29.0
溶剂（质量）/%	3.0	3.0	51.5
助剂（质量）/%	—	—	1.5

（2）预分散

混合预分散常采用高速分散机，在低速搅拌下，逐渐将颜料加于基料中混合均匀。当圆盘周边速率达到 21m/s 以上时，易分散颜料只需 10min 左右，便可达到很好的分散效果；而对于难分散颜料（如大颜料粒子、硬附聚体），在高速下分散几分钟，只能将颜料粒子初步破碎，使颜料粒子的内部表面更多地与基料接触而被润湿，要达到微细分散还需进行研磨操作。对于含有机颜料等难分散的色浆，最好将颜料在研磨之前在漆料中浸泡 12h，以使漆料在颜料表面充分渗透和润湿，达到更好的分散效果。对于热稳定性较好的漆料，可通过适当提高色浆的温度、降低漆料的黏度、提高其渗透润湿性，可减少达到预期分散效果所需的时间。

（3）研磨分散

研磨分散是颜料制备过程中比较重要的一步。研磨分散效果的好坏直接影响着涂料的质量和涂层的性能。研磨分散设备主要包括三辊机、球磨机和砂磨机，通常采用砂磨机。砂磨分散属于一种精细研磨，对中、小附聚粒子的破碎很有效，但对大的附聚粒子不起作用，因此送入砂磨的色浆必须经过预分散。

砂磨珠粒的尺寸、装球量、珠粒与漆浆的体积比等因素均影响着研磨分散效果。砂磨珠粒直径一般在 1～3mm，粒径越小，研磨接触点越多，越有力于研磨分散；但并不是研磨珠粒的尺寸越小越好，否则粒子太小导致其所具有的动能太小，而不能分离颜料聚集体，此外砂磨珠粒太小还容易堵塞筛网等装置。因此在保证对研磨料有分散能力和不妨碍色浆过滤的情况下，砂磨粒径越细分散效果越好。一般珠粒的最小直径大于出口缝隙宽度的 2.5 倍为宜。

研磨介质的装填量对分散效果也有重要的影响。通常用装填系数来衡量研磨介质的装填量，所谓的装填系数是指研磨介质堆积体积与砂磨机桶体有效容积之比。若装填系数太低，则分散效率太低；若装填系数太高，物料所占溶剂少，则分散效率降低，且研磨介质对砂磨机磨损加剧。砂磨机类型不同，研磨介质的装填系数也不同。通常，立式开启式砂磨机的装填系数为 65%～75%，立式密闭砂磨机的装填系数为 80%～85%，卧式砂磨机的装填系数为 80%～85%，特殊情况下可达 90%。

砂磨时，研磨料与研磨介质的体积比为 1∶1 时，分散效果最好。研磨介质过多，则其处于拥挤状态，珠粒之间的剪切力大大降低，影响分散效率；而且拥挤的珠粒还造成磨盘的过度磨损。珠粒太少，珠粒间距离加大，造成施加于颜料聚集粒子上的剪切作用力减弱。

除此，砂磨研磨料的黏度、温度也影响着颜料的分散效率。砂磨研磨料适用于中、低黏度的漆料，所用漆料黏度一般在 1.3～15P（1P=0.1Pa·s）之间。与前面预分散过程类似，温度对砂磨分散也有重要的影响。温度升高，有利于降低漆料中颜料与基料的界面张力，有助于对颜料的充分渗透与润湿；此外，较高的温度使研磨浆黏度降低，从而提高物料的流动性，加速砂粒与研磨浆中颜料粒子的剪切作用，有助于研磨浆的充分分散。因此，在允许范围内研磨温度应采取高限。

采用球磨分散时，漆浆无需预分散。球磨机的装填系数一般为 30%～50%，其中达到 50% 时分散效果最佳。研磨料的加入量以正好把球全部盖住为宜。相对于砂磨机，球磨机有如下的特点：对于硬而粗的大附聚粒子，它最终都能达到很高的分散度，故球磨前可以不需要预分散；另外，球磨色浆一般仅是成品色漆的 1/5～1/8（砂磨为 1/2～1/3），密封操作可避免溶剂的挥发损失。但球磨时间往往很长，有时出料还会造成困难；生产的机动灵活性差，且实际生产效率不是太高。因此，采用球磨生产的比例在不断下降。

三辊研磨分散主要用以分散固含量在 30％以下的高固体分漆料和较高颜料体积含量的分组成的高黏度（20～100P）研磨料，以及白色色浆。研磨料进入三辊机研磨之前，必须经过拌和机或捏合机（这类拌和机也适用于制备厚浆形腻子产品）的预混合。

通常研磨费用很高，可漆浆研磨不足会产生不规整的膜层，达不到预期的目的。工业上常借助细度板来（见图 4-18）判断研磨终点。细度板的使用可确定最短研磨时间，节约成本，并可使研磨装置最优化。

具体测试方法如下：把待测的涂料倒入细度板凹槽的底部，用刮板均匀地沿细度板的沟槽方向移动，然后观察沟槽中出现显著斑点的位置，将最先出现斑点的沟槽深度读数表示涂料的细度。细度常用"μm"尺度表示，有时也采用郝格曼等

图 4-18　细度板

级。一般，底漆细度在 40～50μm；中涂漆为 15μm，不能过粗、也不能太细；面漆的细度必须达到 10μm 以下。对于底漆和面漆的细度控制，可通过增加研磨次数来掌控。

（4）调稀与调漆

漆浆经研磨分散之后，在搅拌下，将涂料的剩余组分加入漆浆中，并调色和调整到合适黏度。当使用纯溶剂或高浓度漆料进行调稀时，一定要保证分散颜料的稳定性，以免颜料发生絮凝。当用纯溶剂调稀时，因溶剂比树脂更易吸附到颜料表面上，从而取代了颜料保护层上的部分树脂，降低了保护层的厚度，使分散颜料的稳定性下降，易于使颜料产生絮凝。当高浓度漆料调稀时，因为有溶剂提取过程，使原色浆中颜料浓度局部大大增加，从而增加絮凝的可能。

此外，在利用纯溶剂清洗研磨设备或其他容器时，颜料絮凝的产生会使清洗更加困难。因此，应该用稀的漆料冲洗。

（5）过滤与包装

过滤与包装是涂料制备工艺的最后一道步骤。通常底漆采用 120 目过滤；面漆用 180 目过滤，或先 120 目过滤、再用 180 目过滤，可有效提高过滤效率。

【实训项目】聚醋酸乙烯酯乳胶涂料的配制及检测

（1）涂料配方（见表 4-29）

表 4-29　聚醋酸乙烯酯乳胶涂料配方

配方组成	用量/g	配方组成	用量/g
聚醋酸乙烯酯乳液	180.0	纤维素(分子量 3 万)	2.0
钛白粉	40.0	聚丙烯酸钠盐	6.0
滑石粉	110.0	OP-10	1.0
碳酸钙	280.0	液体石蜡	3.0
丙二醇	25.0	去离子水	223
十二醇酯	4.5	AMP-95 有机胺	适量

（2）涂料制备

① 安装并调试分散机可正常运转；

② 启动分散机，在搅拌状态下，依次加入 203mL 去离子水、2.0g 纤维素（3万）、6.0g 聚丙烯酸钠盐、1.5g 液体石蜡、1.0g 润湿剂 OP-10，待纤维素溶解完全；

③ 用 AMP-95 有机胺调节上述混合液 pH 值至 7～8 之间；

④ 用药匙缓慢、多次刮入已准确称量的 40.0g 钛白粉、110.0g 滑石粉和 280.0g 碳酸钙；

⑤ 颜填料加毕，分散一段时间后，用刮板细度计检测混合溶液细度（细度＜70μm）。若细度未达要求，需再分散一段时间后，再检测混合溶液细度，直至达到要求；

⑥ 调整搅拌速度，搅拌下依次加入剩余的 20.0mL 去离子水、25.0g 丙二醇、4.5g 十二醇酯、180.0g 聚醋酸乙烯酯乳液，最后加入剩余的 1.5g 液体石蜡；

⑦ 搅拌一段时间至均匀一致为止，即得白色涂料，出料；

⑧ 清洗、擦拭分散机，整理台面。

（3）涂料检测

① 用刮板细度计检测制备的涂料细度；

② 用托默斯黏度计检测制备涂料的黏度；

③ 用反射率测定仪检测制备的涂料对比率；

④ 用 120μm 线棒、软毛刷在石棉水泥板上涂布，检测制备涂料施工性；

⑤ 按标准要求检测制备的涂料干燥时间。

（4）注意事项

① 5.0g 以下的液体原料用减量法称量；

② 聚酯膜的涂布选择 100μm 线棒；

③ 石棉水泥板的涂布选择 120μm 线棒，第二道膜的涂布选择软毛刷。

【思考题】

1. 简述涂料的定义、涂料的作用及涂料分类方法。

2. 简述涂料配方组成。

3. 简述涂料主要成膜方式并试述其机理。

4. 阐述表面张力的概念。

5. 接触角对材料润湿的意义是什么？

6. 简述主要成膜物质种类及作用。

7. 简述次要成膜物质种类及作用。

8. 简述颜料的种类及作用。

9. 简述体质颜料的种类及作用。

10. 简述辅助成膜物质的种类及作用。

11. 简述溶剂的种类及作用。

12. 简述助剂的种类及作用。

13. 涂料配方设计的一般原则是什么？

14. 简述降低溶剂型涂料 VOC 排放的方法有哪些？

15. 水性涂料与溶剂型涂料有何不同？

16. 简述粉末涂料的特点。

17. 简述生产醇酸树脂的常用原料、单元酸的作用。

18. 丙烯酸树脂的生产原料有哪些？该涂料的特点是什么？

19. 简述环氧树脂的主要品种及主要特点。

20. 简述聚氨酯树脂涂料的特点及生产过程特点。

21. 简述涂料的涂布方法。

22. 挥发性涂料突出的优缺点有哪些？如何进行制造和改进？

23. 简述建筑涂料的配方设计及常用建筑涂料的生产工艺过程。

24. 简述颜料研磨分散设备及特点。

25. 简述涂料的制备工艺。

参 考 文 献

[1] 顾良荧主编. 日用化工产品及原料的制造与应用大全. 北京：化学工业出版社，1997.

[2] 孙绍曾编著. 新编实用日用化学品制造技术. 北京：化学工业出版社，1996.

[3] 刘德峥主编. 精细化工生产工艺学. 北京：化学工业出版社，2000.

[4] 王培义编著. 化妆品——原理·配方·生产工艺. 第2版. 北京：化学工业出版社，2006.

[5] 颜红侠，张秋禹主编. 日用化学品制造原理与技术. 北京：化学工业出版社，2004.

[6] 周学良主编. 精细化工产品手册·日用化学品. 北京：化学工业出版社，2002.

[7] 孙宝国主编. 日用化工词典. 北京：化学工业出版社，2002.

[8] 化学工业出版社组织编写. 化工产品手册·日用化工产品. 第4版. 北京：化学工业出版社，2005.

[9] 何坚，李秀媛编. 实用日用化学品（配方集）. 北京：化学工业出版社，1998.

[10] 谢明勇，王远兴主编. 日用化学品实用生产技术与配方. 南昌：江西科学技术出版社，2002.

[11] 王宗绵主编. 日用化工品最新配方与生产工艺. 广州：广东科技出版社，1998.

[12] 宋小平，韩长日主编. 实用化学品配方手册. 成都：四川科学技术出版社，1996.

[13] 陈长明，林桂芳等主编，精细化学品配方工艺及原理分析. 北京：北京工业大学出版社，2003.

[14] 朱洪法，彭涛主编. 精细化工产品配方与制造. 北京：金盾出版社，2002.

[15] 钱旭红，徐玉芳，徐晓勇等编. 精细化工概论. 北京：化学工业出版社，2000.

[16] 顾良荧编著. 日用化工产品及原料制造与应用大全. 北京：化学工业出版社，1997.

[17] 徐宝财等. 洗涤剂配方工艺手册. 北京：化学工业出版社，2005.

[18] 张学敏，郑化，魏铭. 涂料与涂装技术. 北京：化学工业出版社，2005.

[19] 刘登良. 涂料工艺. 第4版，北京：化学工业出版社，2009.

[20] 涂料工艺编委汇编. 涂料工艺（上、下册）. 第3版. 北京：化学工业出版社，1997.

[21] 沈钟，赵振国，王果庭. 胶体与表面化学. 第3版. 北京：化学工业出版社，2004.

[22] 周强，金祝年. 涂料化学. 北京：化学工业出版社，2007.

[23] 江巍. 颜料的分散. 上海涂料，2008，46（10）：48-49.

[24] 张华东，顾若楠，张俊等. 粉末涂料与表面张力. 中国涂料，2003，43（4）：43-44.

[25] 张红鸣，徐捷. 实用着色与配色技术. 北京：化学工业出版社，2001.

[26] 李丽等. 涂料生产与涂装工艺. 北京：化学工业出版社，2007.

[27] 武利民，李丹，游波. 现代涂料配方设计. 北京：化学工业出版社，2000.

[28] 林宣益. 涂料助剂. 第2版. 北京：化学工业出版社，2006.

[29] 郑顺兴. 涂料与涂装科学技术基础. 北京：化学工业出版社，2007.

[30] 洪啸吟，冯汉保. 涂料化学. 第2版. 北京：科学出版社，2005.

[31] 陈士杰. 涂料工艺：第一分册：增订本. 第2版. 北京：化学工业出版社，1994.

[32] 杨春晖，陈兴娟，徐用军等. 涂料配方设计与制备工艺. 北京：化学工业出版社，2003.

[33] 《实用涂装新技术与涂装设备使用维护及涂装作业安全控制全书》编委会. 实用涂装新技术与涂装设备使用维护及涂装作业安全控制全书. 合肥：中国科技大学出版社，2005.

[34] 王德中. 环氧树脂生产与应用. 第2版. 北京：化学工业出版社，2002.

[35] 罗运军，桂红星. 有机硅树脂及其应用. 北京：化学工业出版社，2002.

[36] 丛树枫，喻露如. 聚氨酯涂料. 北京：化学工业出版社，2003.

[37] 《涂料防腐蚀技术丛书》编委会. 丙烯酸树脂防腐蚀涂料及应用. 北京：化学工业出版社，2003.

[38] 徐秉恺，张彬渊，任宗发等. 涂料使用手册. 南京：江苏科学技术出版社，2000.

[39] D萨塔斯，AT阿瑟. 涂料涂装工艺应用手册. 第2版. 赵风清，肖纪君译. 北京：中国石化出版社，2003.

[40] 刘国杰. 特种功能性涂料，北京：化学工业出版社，2002.

[41] 李东光. 功能性涂料生产与应用. 南京：江苏科学技术出版社，2006.

[42] 聂俊，肖鸣. 光聚合技术与应用. 北京：化学工业出版社，2009.

[43] ［美］Zeno W，威克斯 Frank N，琼斯 S. Peter 柏巴斯. 有机涂料科学和技术. 北京：化学工业出版社，2002.

[44] 马庆麟. 涂料工业手册. 北京：化学工业出版社，2003.